电化学储能电站

典型设计及案例

浙江华云电力工程设计咨询有限公司　组编

中国电力出版社
CHINA ELECTRIC POWER PRESS

内 容 提 要

本书共 3 篇，分别是总论、电化学储能电站典型设计导则、电化学储能电站典型设计方案及案例。第 1 篇通过编制电化学储能电站设计技术导则和关键技术说明，使读者对储能电站设计有个总体了解。第 2 篇分别介绍了电力系统部分、电气一次部分、二次系统、储能系统、通信工程部分、土建工程部分、消防部分、环境保护及安全生产的设计内容。第 3 篇分别介绍了固定式储能电站和移动式储能电站的典型设计方案及实例，根据不同的接入系统方案、建设规模、布置形式等，有效归并设计方案，形成了 6 种全户外典型的电化学储能电站设计方案。

本书内容简明实用，案例典型翔实，可供电化学储能电站的设计人员和建设人员使用。

图书在版编目（CIP）数据

电化学储能电站典型设计及案例 / 浙江华云电力工程设计咨询有限公司组编. —北京：中国电力出版社，2022.12（2025.9 重印）
ISBN 978-7-5198-7322-6

Ⅰ．①电…　Ⅱ．①浙…　Ⅲ．①电化学—储能—电站—设计
Ⅳ．①TM62

中国版本图书馆 CIP 数据核字（2022）第 233148 号

出版发行：中国电力出版社	印　　刷：北京天泽润科贸有限公司
地　　址：北京市东城区北京站西街 19 号	版　　次：2022 年 12 月第一版
邮政编码：100005	印　　次：2025 年 9 月北京第三次印刷
网　　址：http://www.cepp.sgcc.com.cn	开　　本：787 毫米×1092 毫米　横 16 开本
责任编辑：崔素媛（010-63412392）	印　　张：5.5　插页 4
责任校对：黄 蓓 马 宁	字　　数：185 千字
装帧设计：赵丽媛	定　　价：79.00 元
责任印制：杨晓东	

编　委　会

前　言

在"碳达峰碳中和"目标下，新能源发电的占比越来越高，储能的重要性越发凸显。储能规模化利用是构建新型电力系统的重要组成部分，是促进电力市场建设的有力支撑，是保障清洁能源并网消纳的重要突破口。

电化学储能作为一种重要的储能形式，因其突出的安全性能和成本优势，在大规模固定式储能和移动式储能领域得到快速发展应用。浙江华云电力工程设计咨询有限公司以技术创新和解决工程应用难题为目标，积极开展电网侧固定式和移动式储能电站建设，积累了大量先进的工程经验。浙江华云电力工程设计咨询有限公司以浙江地区电网侧储能电站设计为基础，系统地总结了电化学储能电站相关标准规范和设计案例，编写了本书。

本书主要针对电网侧电化学储能电站的设计给出了一揽子解决方案。通过概述、技术方案和储能电站设计技术导则，介绍了储能电站的电力系统部分、电气一次部分、二次系统、储能系统、通信工程部分、土建工程部分、消防部分、环境保护及安全生产的设计原则、要求和关键技术说明，使读者对储能电站设计有系统的了解。根据不同的建设规模、接入系统方案、布置形式，以及固定式储能电站和移动式储能电站进行方案归并，形成了 6 种全户外典型的电化学储能电站设计方案，特别是对移动式储能电站的介绍，目前国内还鲜有介绍。

本书内容简明实用、案例典型翔实。希望本书的出版能对相关领域的工作有所帮助和促进。限于作者技术及经验水平，本书内容有不妥之处，恳请读者予以指正。

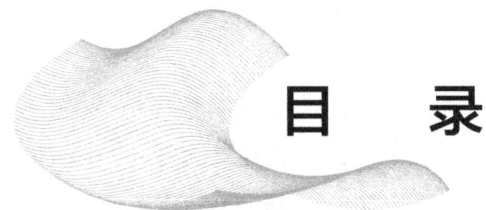

目　录

前言

第1篇　总　　论

第1章　概述 ·· 1

1.1　编写原则 ·· 2

1.2　技术特点 ·· 2

1.3　主要设计依据 ·· 3

　　1.3.1　国家及行业标准 ·· 3

　　1.3.2　企业标准 ··· 6

第2章　技术方案及使用说明 ·· 7

2.1　适用范围 ·· 7

2.2　方案分类和编号 ·· 8

　　2.2.1　方案分类 ··· 8

　　2.2.2　方案编号 ·· 8

　　2.2.3　固定式方案 ·· 8

　　2.2.4　移动式方案 ·· 9

　2.3　使用说明 ·· 9

第3章　总则 ·· 10

　3.1　设计对象 ··· 10

　3.2　设计范围 ··· 10

　3.3　运行管理方式 ··· 10

　3.4　主要设计原则 ··· 10

第2篇　电化学储能电站典型设计导则

第4章　电力系统部分 ·· 11

　4.1　容量配置 ··· 11

　4.2　接入系统设计 ··· 11

　　4.2.1　接入电压等级 ·· 11

　　4.2.2　接入点选择原则 ·· 12

　4.3　接入系统送出线路选型 ·· 12

　　4.3.1　一般要求 ·· 12

　　4.3.2　送出线路导体截面的选择和校验 ······································· 13

　4.4　无功补偿 ··· 15

4.4.1　无功补偿总则 ··· 15

4.4.2　无功补偿配置相关计算 ··· 16

4.5　电能质量分析 ·· 16

4.5.1　谐波 ·· 17

4.5.2　电压偏差 ·· 17

4.5.3　电压波动和闪变 ··· 18

4.5.4　电压不平衡度 ··· 18

4.5.5　直流分量 ·· 19

4.5.6　监测及治理要求 ··· 19

第 5 章　电气一次部分 ··· 20

5.1　电气主接线 ·· 20

5.2　电气设备选择 ·· 20

5.3　电气设备布置 ·· 21

5.4　防雷接地 ·· 22

5.4.1　防雷 ·· 22

5.4.2　接地 ·· 22

5.5　光/电缆敷设 ·· 22

5.6　站用电源 ·· 23

5.7　照明 ·· 23

5.7.1　一般要求 ·· 23

5.7.2　站场照明系统 ··· 24

5.7.3 舱内照明系统 ·· 24

第6章 二次系统 ·· 25

6.1 继电保护 ·· 25

6.1.1 设计原则 ·· 25

6.1.2 10kV 进线保护 ··· 25

6.1.3 10kV 储能线路保护 ·· 25

6.1.4 10kV 母线保护 ··· 25

6.1.5 故障录波 ·· 26

6.1.6 对侧间隔 ·· 26

6.2 监控系统 ·· 26

6.2.1 设计原则 ·· 26

6.2.2 监控系统 ·· 26

6.2.3 间隔层配置 ··· 32

6.3 系统调度自动化 ·· 34

6.3.1 储能电站调度数据网结构示意图 ····························· 34

6.3.2 调度数据网设备配置 ··· 34

6.3.3 关口点设置 ··· 35

6.3.4 相量测量装置 ··· 36

6.3.5 电能质量监测装置 ·· 36

6.3.6 时间同步系统 ··· 36

6.3.7 远程监视采集装置 KVM ····································· 36

6.4 元件保护及安全自动装置 ··· 37

    6.4.1 储能单元保护 ··· 37

    6.4.2 站用电保护 ··· 37

    6.4.3 防孤岛保护 ··· 37

    6.4.4 电力系统安全稳定控制装置 ··· 37

    6.4.5 故障解列装置 ··· 37

6.5 一体化电源系统 ··· 37

    6.5.1 直流控制电源系统 ··· 38

    6.5.2 交流控制电源系统 ··· 38

    6.5.3 通信电源 ··· 38

6.6 视频监控及环境监测系统 ··· 38

    6.6.1 站端系统结构 ··· 38

    6.6.2 站端系统配置 ··· 38

    6.6.3 站端系统供电方案 ··· 39

    6.6.4 终端控制系统 ··· 39

    6.6.5 录像存储系统 ··· 39

    6.6.6 显示系统 ··· 40

6.7 二次设备布置 ··· 40

6.8 即插即用设计 ··· 40

第 7 章 储能系统 ··· 41

    7.1 电池选型 ··· 41

7.2 其他要求 ·· 41

第8章　通信工程部分 ·· 43

8.1 设计原则 ·· 43

8.2 通信网络分析与接入 ·· 43

8.3 站内通信系统基本配置 ··· 43

第9章　土建工程部分 ·· 44

9.1 土建概述和站址基本条件 ·· 44

9.2 总平面及竖向布置 ·· 44

    9.2.1 站址征地 ·· 44

    9.2.2 总平面布置 ··· 44

    9.2.3 竖向布置 ·· 45

9.3 站内外道路 ·· 45

    9.3.1 站内外道路平面布置 ·· 45

    9.3.2 进站道路 ·· 45

    9.3.3 站内道路 ·· 46

9.4 建（构）筑物 ·· 46

    9.4.1 建（构）筑物设计荷载信息 ·· 46

    9.4.2 主要建筑材料 ··· 46

9.5 采暖制冷及通风 ··· 47

    9.5.1 采暖及制冷设计 ·· 47

    9.5.2　通风设计 ·· 47

  9.6　水工 ··· 48

第 10 章　消防部分 ·· 49

  10.1　设计原则 ··· 49

  10.2　储能电站消防配置要求 ··· 49

  10.3　电池安全技术要求 ··· 50

  10.4　电池管理系统安全技术要求 ··· 51

  10.5　电池预制舱安全技术要求 ··· 51

  10.6　电气消防安全技术要求 ··· 52

  10.7　火灾报警及控制系统技术要求 ··· 52

  10.8　消防给水系统技术要求 ··· 53

    10.8.1　室内、室外消火栓给水系统 ··· 53

    10.8.2　固定式自动灭火系统 ··· 53

  10.9　灭火救援设施技术要求 ··· 53

  10.10　运行消防设计 ··· 54

第 11 章　环境保护及安全生产 ·· 55

  11.1　环境保护和水土保持设计 ··· 55

    11.1.1　控制噪声 ··· 55

    11.1.2　污染物排放 ··· 55

    11.1.3　无害化处理 ··· 55

11.1.4　水土保持 ･･･ 56

11.2　节能减排措施 ･･ 56

11.2.1　优化设计方案 ･･･ 56

11.2.2　降低变压器损耗 ･･･ 56

11.2.3　降低站用电各类负荷的耗能指标 ･･･ 57

11.3　劳动安全 ･･･ 57

11.3.1　主要危险、有害因素分析 ･･･ 58

11.3.2　职业安全因素 ･･･ 58

第 3 篇　电化学储能电站典型设计方案及实例

第 12 章　固定式储能电站典型设计方案及实例 ･･････････････････････････ 60

12.1　方案 10-A-10 设计 ･･･ 60

12.2　方案 10-A-35 设计 ･･･ 63

12.3　方案 20-A-35 设计 ･･･ 65

第 13 章　移动式储能电站典型设计方案及实例 ･･････････････････････････ 66

13.1　方案 10-B-10 设计 ･･･ 66

13.2　方案 10-B-35 设计 ･･･ 67

13.3　方案 20-B-35 设计 ･･･ 71

第1篇 总 论

第1章 概 述

储能作为新型电力系统和多元融合高弹性电网建设体系的重要一环，为电网运行提供削峰填谷、调频、容量备用、黑启动、需求响应支撑等多种服务，能改善电能质量，平滑电网潮流，延缓电力建设投资，是提升传统电力系统灵活性、经济性和安全性的重要手段，在促进能源转型变革发展中具有重要作用。

储能电站标准化建设可有效提升储能电站建设的安全性、适用性、可靠性、先进性、经济性、灵活性，推广先进装备、技术、工艺，促进项目落地实施。

储能电站主要在电网的三个场景中发挥显著作用：

（1）发电侧，储能电站主要用于电源并网点之前，改善能源输出特性，并提升机组参与调峰调频能力。

（2）电网侧，储能电站主要用于输配电网，发挥削峰填谷、电网调频、电网事故备用、黑启动、应急保电、配电网补强、延缓电力建设投资等作用。

（3）用户侧，储能电站主要用于用户负荷设备侧，通过储能设备吸收或释放电力来保障和稳定负荷侧母线电能质量，从而发挥保障高精尖设备的特殊用电需求、微电网运行、提升新能源自发自用消纳和发电收入、利用峰谷电价获得效益、获取短期的临时用电等作用。

储能电站根据能量存储方式的不同，可以分为机械储能电站（如抽水蓄能电站）、电磁储能电站（如超级电容电站）、电化学储能电站（如铅酸电池电站）三大类。近年来，以锂电、铅酸、液流为代表的电化学储能技术不断发展成熟，快速调节响应能力不断提升，成本进一步降低，使得电化学储能电站具有较大的发展前景。本书总结了部分国网浙江省电力有限公司磷酸铁锂电池电化学储能电站设计经验，以期为后续电网侧电化学储能电站及其他类型储能电站的设计提供关键技术和优化方案方面的参考。

1.1　编写原则

电化学储能电站应秉承"安全可靠、先进适用、标准统一、提高效率、注重环保、节约资源、造价合理"的设计原则，做到安全性、适用性、可靠性、先进性、经济性和灵活性的协调统一，其中几个关键原则阐述如下：

（1）安全性：典型设计应将储能的安全保障放在首位，通过本质安全设计和体系化的技术保障措施保障储能电站的设备安全和运行人员安全。

（2）适用性：典型设计方案要考虑不同地区环境、地址以及电网的实际情况，使得本书对于不同条件下储能电站的指导建设具有广泛适用性，保证其在一定时间内，对不同规模、不同形式、不同外部条件均能适用。

（3）可靠性：典型设计方案以实现安全可靠为目标，保证储能电池、各模块和整个储能电站系统的稳定可靠。

（4）先进性：在储能电站的设计过程中，推广应用成熟的新技术、新设备，以在满足消防要求的基础上提高储能电站响应速度和运行效率。

（5）经济性：在储能电站的设计过程中，综合考虑工程一次性投资成本和长期运行费用，追求工程全寿命周期内最优的经济效益。

（6）灵活性：典型设计方案的各个模块划分合理、接口灵活、组合多样、增减方便，便于调整规模，灵活适用。

1.2　技术特点

（1）采用模块化思路，实行标准化设计。对电化学储能电站按照功能区域划分基本模块。各基本模块统一设计原则、技术标准和设计图纸，对于不同的储能电站设计，可实现同一类型模块和设备的通用互换，减少备品备件种类。

（2）应用工业化理念，提高现场建设效率。户外设备基本采用预制舱式组合设备，同时所有电池均采用预制舱式储能电池，最大限度实现工厂内规模生产、集成调试、标准配送、现场机械化工，减少现场"湿作业"，减少现场安装、接线、调试工作，提高工程建设安全、质量、效率。

（3）典型设计方案覆盖面广，满足电力系统建设需要。储能电站的典型设计方案覆盖各种类型储能电站，按照不同系统条件、不同规模和不同布置形式提炼出 6 种典型设计方案，可满足绝大多数储能电站工程建设需要，最大限度实现了国内储能电站设计和建设的标准统一。

（4）以大规模落地工程为经验累积，提供电网侧电化学储能电站设计指导性建议。以浙江省内建成的多个电化学储能电站工程作为设计实例，详细剖析了不同类型和规模的电化学储能电站的设计方案，可为多种储能电站的设计提供实际经验的参考。

（5）以最新科研成果为推动助力，不断优化储能电站的关键技术。随着近年来国内电化学储能电站的不断建设投运，国网浙江省电力有限公司一直坚持开展储能相关科技项目的研究工作，形了针对储能电站消防系统设计、储能电站运行策略、储能系统接入研究等多项研究成果，并将其进行成果转化和总结，进一步支持储能电站的优化设计和关键技术解决。

1.3 主要设计依据

1.3.1 国家及行业标准

GB 4452—2011《室外消火栓》

GB 5749—2006《生活饮用水卫生标准》

GB 8624—2012《建筑材料及制品燃烧性能分级》

GB 11032—2020《交流无间隙金属氧化物避雷器》

GB 17859—1999《计算机信息系统安全保护等级划分准则》

GB 19517—2009《国家电气设备安全技术规范》

GB 23864—2009《防火封堵材料》

GB 50009—2012《建筑结构荷载规范》

GB 50015—2019《建筑给水排水设计标准》

GB 50016—2014《建筑设计防火规范（2018 年版）》

GB 50019—2015《工业建筑供暖通风与空气调节设计规范》

GB 50034—2013《建筑照明设计标准》

GB 50053—2013《20kV 及以下变电所设计规范》

GB 50054—2011《低压配电设计规范》

GB 50057—2010《建筑物防雷设计规范》

GB 50060—2008《3～110kV 高压配电装置设计规范》

GB 50116—2013《火灾自动报警系统设计规范》

GB 50140—2005《建筑灭火器配置设计规范》

GB 50217—2018《电力工程电缆设计标准》

GB 50229—2019《火力发电厂与变电站设计防火标准》

GB 50370—2005《气体灭火系统设计规范》

GB 50582—2010《室外作业场地照明设计标准》

GB 50974—2014《消防给水及消火栓系统技术规范》

GB 51048—2014《电化学储能电站设计规范》

GB 51251—2017《建筑防烟排烟系统技术标准》

GB 51309—2018《消防应急照明和疏散指示系统技术标准》

GB/T 7946—2015《脉冲电子围栏及其安装和安全运行》

GB/T 12325—2008《电能质量　供电电压偏差》

GB/T 12326—2008《电能质量　电压波动和闪变》

GB/T 14285—2006《继电保护和安全自动装置技术规程》

GB/T 14549—1993《电能质量　公用电网谐波》

GB/T 15543—2008《电能质量　三相电压不平衡》

GB/T 17626.7—2017《电磁兼容　试验和测量技术　供电系统及所连设备谐波、间谐波的测量和测量仪器导则》

GB/T 19862—2016《电能质量监测设备通用要求》

GB/T 24337—2009《电能质量　公用电网间谐波》

GB/T 34120—2017《电化学储能系统储能变流器技术规范》

GB/T 34131—2017《电化学储能电站用锂离子电池管理系统技术规范》

GB/T 36276—2018《电力储能用锂离子电池》

GB/T 36547—2018《电化学储能系统接入电网技术规定》

GB/T 36548—2018《电化学储能系统接入电网测试规范》

GB/T 36558—2018《电力系统电化学储能系统通用技术条件》

GB/T 50006—2010《厂房建筑模数协调标准》

GB/T 50064—2014《交流电气装置的过电压保护和绝缘配合设计规范》

GB/T 50065—2011《交流电气装置的接地设计规范》

GBJ 22—1987《厂矿道路设计规范》

DL/T 476—2012《电力系统实时数据通信应用层协议》

DL/T 584—2017《3kV～110kV 电网继电保护装置运行整定规程》

DL/T 634.5104—2009《远动设备及系统　第 5-104 部分：传输规约　采用标准传输协议集的 IEC 60870-5-101 网络访问》

DL/T 667—1999《远动设备及系统　第 5 部分：传输规约　第 103 篇：继电保护设备信息接口配套标准》

DL/T 5003—2017《电力系统调度自动化设计规程》

DL 5027—2015《电力设备典型消防规程》

DL/T 5136—2012《火力发电厂、变电站二次接线设计技术规程》

DL/T 5222—2021《导体和电器选择设计规程》

DL/T 5390—2014《发电厂和变电站照明设计技术规定》

DL/T 5729—2016《配电网规划设计技术导则》

NB/T 33015—2014《电化学储能系统接入配电网技术规定》

T/CEC 173—2018《分布式储能系统接入配电网设计规范》

T/CEC 174—2018《分布式储能系统远程集中监控技术规范》

T/CEC 175—2018《电化学储能系统方舱设计规范》

T/CEC 176—2018《大型电化学储能电站电池监控数据管理规范》

T/CEC 373—2020《预制舱式磷酸铁锂电池储能电站消防技术规范》

1.3.2 企业标准

Q/GDW 1564—2014《储能系统接入配电网技术规定》

Q/GDW 1738—2012《配电网规划设计技术导则》

Q/GDW 1769—2012《电池储能电站技术导则》

Q/GDW 11265—2014《电池储能电站设计技术规程》

Q/GDW 11374—2015《10 千伏及以下电网工程可行性研究内容深度规定》

Q/GDW 11995—2019《电化学储能电站接入系统设计内容深度规定》

第 2 章　技术方案及使用说明

2.1　适用范围

本典型设计可用来指导电网侧储能电站的设计，非电网侧的设计可参照使用。

按照电化学储能电站建设规模、布置形式、接入电压等级的不同，本典型设计共分为 6 个技术方案，当实际的工程规模、站址条件、接入系统方案等与典型设计不一致，无可以直接采用的方案时，应因地制宜，分析基本方案后，从中找出适用的基本模块，按照各专业设计原则，通过基本模块和子模块的合理拼接和调整，形成所需要的设计方案。

本典型设计范围是储能电站围墙以内，设计标高零米以上；本典型设计不包括受外部条件影响的项目，如系统通信、保护通道、进站通道、竖向布置、站外给排水、地基处理等。

典型设计方案设定站址条件如下：

（1）海拔：≤1000m。

（2）环境温度：−25～+40℃。

（3）抗震设防烈度为 7 度，设计基本地震加速度：0.1g。

（4）年平均雷暴日：<90 日。

（5）声环境：储能电站噪声排放需满足国家法规和相关标准要求，并结合实际情况考虑。

（6）地基：地基承载力特征值取 f_{ak}=120kPa，地下水无影响，场地同一标高。

（7）污秽等级：Ⅳ级。

2.2 方案分类和编号

2.2.1 方案分类

根据设备的布置形式分为固定式和移动式的全户外布置方案。

2.2.2 方案编号

典型设计方案编号由三个字段组成：设计放电功率—分类号—电压等级。

第一字段"设计放电功率"：10 代表储能电站设计放电功率为 10MW，20 代表储能电站设计放电功率为 20MW。

第二字段"分类号"：代表布置形式，A 代表固定式，B 代表移动式。

第三字段"电压等级"：10 代表高压汇流母线电压等级为 10kV，35 代表高压汇流母线电压等级为 35kV。

2.2.3 固定式方案

固定式方案总体概况见表 2-1。

表 2-1   固定式方案总体概况

序号	典型设计方案编号	建设规模	接入系统方案	储能装置配置	占地面积（m²）
1	10-A-10	10MW/20MWh	10kV 接入	10 个 1MW/2MWh	3485
2	10-A-35	10MW/20MWh	35kV 接入	10 个 1MW/2MWh	3649
3	20-A-35	20MW/40MWh	35kV 接入	20 个 1MW/2MWh	7372

2.2.4 移动式方案

移动式方案总体概况见表 2-2。

表 2-2 　　　　　　　　　　　　　　　　　　移动式方案总体概况

序号	典型设计方案编号	建设规模	接入系统方案	储能装置配置	占地面积（m²）
1	10-B-10	10MW/20MWh	10kV 接入	4 辆 0.25MW/0.5MWh 储能车；2 个 0.5MW/1MWh 电池舱；7 个 1MW/2MWh 电池舱	5440
2	10-B-35	10MW/20MWh	35kV 接入	4 辆 0.25MW/0.5MWh 储能车；2 个 0.5MW/1MWh 电池舱；7 个 1MW/2MWh 电池舱	5440
3	20-B-35	20MW/40MWh	35kV 接入	8 辆 0.25MW/0.5MWh 储能车；4 个 0.5MW/1MWh 电池舱；14 个 1MW/2MWh 电池舱	7200

2.3 使用说明

在使用本典型设计时，首先应根据第 1 章内容熟悉和了解储能电站设计的基本原则、设计特点、依据文件和典型方案概述，以对储能电站的设计有一个整体把控。

其次，本典型设计共包含 6 种典型方案，针对某个储能电站的设计，可根据工程规模选择相匹配的方案。当工程规模与典型方案的建设规模一致或者相差不大时，可参考相近规模的典型设计方案并进行合理优化设计；当工程规模与典型设计方案的建设规模差距较大时，可参考本典型设计的基础典型方案，并按照储能电站设计原则、关键技术和各专业说明，因地制宜、合理优化后形成最终设计方案。

第3章 总 则

3.1 设计对象

典型设计方案为电网侧磷酸铁锂电池固定式储能电站和移动式储能电站。

3.2 设计范围

主要设计内容为储能电站本体及设计标高零米以上的辅助生产设施，包括电力系统部分、电气一次部分（包括防雷接地、照明）、二次系统（包括监控系统）、储能系统、通信工程部分、土建工程部分、消防部分、环境保护及安全生产。

3.3 运行管理方式

固定式和移动式储能电站在站内运行时，按照无人值守储能电站进行设计。移动式储能电站在站外运行时，采用有人操作方式运行。

3.4 主要设计原则

（1）总体设计应从项目功能出发，统筹考虑建设、运行、检修需求，集约化开展工程全寿命周期设计。

（2）专业设计，如系统、电气、自动化、储能电池、土建等，应在现有成熟生产技术水平条件下，最大程度开展工厂化制造和系统集成，减少现场安装、接线、调试工作，提高工程建设质量、效率、环保水平，实现绿色生产。

（3）项目设计应按照绿色发展要求开展项目安全、环保、水土保持、社会稳定、效益分析等方面评估评价。

（4）通用项目优先选择输电工程、变电站工程、配电网工程及其他专业已有通用设计成果。

（5）物料选用优先选择标准物料。

第2篇 电化学储能电站典型设计导则

第4章 电力系统部分

4.1 容量配置

储能电站容量配置应从接入点所在供电区域削峰填谷、调频服务和应急保电等需求出发，核算在一定期限内供电区域对储能电站需要开展功率、电量的调节，计算储能电站接入前后系统短路电流和潮流，并综合考虑储能电站站址条件、建设成本、运行控制策略等多种因素，准确定位储能电站功能，科学设置储能电站容量。

4.2 接入系统设计

4.2.1 接入电压等级

电站接入电网的电压等级应根据调度要求、电站容量及电网具体情况，结合表 4-1 根据储能电站不同额定功率对应的接入系统电压等级进行技术经济比选，并根据输送损耗、供电半径等进行校验。当高、低两级电压均满足系统接入条件时，原则上优先采用低电压等级接入。

表 4-1   电化学储能电站推荐接入电压等级表

电化学储能电站额定功率	接入电压等级
5MW 及以下	0.4～20kV
5～100MW	35～110kV
100MW 以上	220kV 及以上

4.2.2 接入点选择原则

储能电站应优先以专线接入邻近公共电网，即储能电站接入点处设置专用的开关设备（间隔），采用诸如储能电站直接接入变电站、开关站、配电室母线或环网柜等方式。若有备用接入间隔，应优选利用该间隔，以减少投资。

4.3 接入系统送出线路选型

根据储能电站接入系统的不同电压等级，结合周边条件兼顾电网运行需求进行送出线路选型，满足规程规范要求，必要时通过技术经济比选确定。在条件允许的情形下，优先选择技术较为成熟、经济性较高的架空导线。特殊情形下采用电缆时，则所选电缆输送能力需与相应架空导线相匹配。

4.3.1 一般要求

（1）架空导线导体型式与截面选择主要参考 DL/T 5222—2021《导体和电器选择设计规程》《电力系统设计手册》及《电力工程电气设计手册 电气一次部分》，其一般要求如下：

1）根据回路工作电流、允许电压降、经济电流密度、热稳定、环境条件（环境温度、日照、风速、污秽）、电晕和无线电干扰等条件，确定导线的截面和结构型式。

2）在空气中含盐量较大的沿海地区或周围气体对铝有明显腐蚀的场所，应选用防腐型铝绞线。

3）当负荷电流较大时，储能电站充放电电流应根据负荷电流选择较大截面的导线。当电压较高时，为保持导线表面的电场强度，导线最小截面应满足电晕的要求，可增加导线外径或增加每相导线的根数。

4）对于 220kV 及以下的软导线，电晕对选择导线截面一般不起决定性作用，故可根据负荷电流选择导线截面。导线的结构型式可采用单根钢芯铝绞线或由钢芯铝绞线组成的复导线。

综上，架空送电线路导线截面一般按经济电流密度来选择，并根据电晕、机械强度以及事故情况下的发热条件进行校验；必要时通过技术经济性比较确定。

（2）电力电缆型式与截面选择主要参考 GB 50217—2018《电力工程电缆设计规范》和 DL/T 5222—2021《导体和电器选择设计规程》，其一般要求如下：

1）电力电缆应按额定电压、工作电流、热稳定电流、系统频率、绝缘水平、系统接地方式、电缆电路压降、电缆金属护层接地方式、经济电流密度、敷设方式及路径等技术条件选择。

2）电力电缆应按环境温度、海拔、日照强度（户内或地下可不考虑）等环境条件校验。

3）35kV 及以上电缆载流量宜根据电缆使用环境条件，按 JB/T 10181—2014《电缆载流量计算》的规定计算。亦可采用简单处理方式，按照制造厂给出的载流量表查阅 35kV 及以上高压单芯电缆长期允许载流量或请制造厂提出计算书；当需要进行校核计算时，可按 DL/T 5222—2021《导体和电器选择设计规程》第 7.8.4 条进行复核。

4）6kV 及以上电力电缆宜采用交联聚乙烯绝缘。

5）10kV 及以下电力电缆可选用铜芯或铝芯，35kV 及以上电力电缆宜采用铜芯。

6）10kV 及以下电力电缆宜按电缆的初始投资与使用寿命期间的运行费用总和经济的原则选择。

7）最大工作电流作用下的电缆导体温度不得超过电缆绝缘最高允许值；持续工作回路的电缆导体工作温度、最大短路电流和短路时间作用下的电缆导体温度应符合 GB 50217—2018《电力工程电缆设计标准》规定；最大工作电流作用下，连接回路的电压降不得超过该回路允许值。

4.3.2 送出线路导体截面的选择和校验

1. 按经济电流密度选择
经济电流密度由年运行费用确定，而运行费用主要由电能损耗、设备维修和折旧费用组成，其中，电能损耗费用与导体材质及年最大负荷运行小时数有关。当导体为某一截面时年运行费最低，此时导体单位截面积流过的电流即为经济电流密度。

按经济电流密度选择导线截面用的输送容量，应考虑线路投入运行后 5～10 年的发展，在计算中必须采用正常运行方式下经常重复出现的最高负荷，但在系统发展还不明确的情况下，应注意勿将导线截面定得过小。

导线的经济截面积 S_{ec} 的计算公式如下

$$S_{ec} = \frac{I_N}{j} = \frac{P_N}{\sqrt{3}\,jU_N\cos\varphi}$$

式中：S_{ec} 为按经济电流密度计算的导体截面，mm^2；I_N 为导体回路额定工作电流，A；j 为经济电流密度，A/mm^2；P_N 为线路送电容量，kW，可取储能电站最大充电功率；U_N 为线路额定电压，kV；$\cos\varphi$ 表示功率因数，对于储能电站，$\cos\varphi$ 可取 0.9～0.95。

2. 热稳定校验

导线和电缆应根据 DL/T 5222—2021《导体和电器选择设计技术规定》附录 E 和 GB 50217—2018《电力工程电缆设计标准》附录 B，进行热稳定校验，确保电缆与工作环境相适应。

架空输电线路：在获得导线的经济截面积 S_{ec} 后，应须根据各种不同运行方式以及事故情况下的传输容量及工作环境进行导体热稳定校验，即导线在预期的输送容量下其表面温度不超过其正常运行所容许的限值。

电缆线路：在获得电缆的经济截面积 S_{ec} 后，应须根据各种不同运行方式以及事故情况，结合电缆的电压等级、敷设方式、环境条件等因素，进行电缆热稳定校验，即电缆在预期的输送容量下其表面温度不超过其正常运行所容许的限值。

储能电站年最大负荷利用小时数较低，一般不大于 3000h，并且有充电和放电过程，其送出线路潮流呈现为双向流动。基于保守考虑，建议按回路可能出现的最大工作电流校验导线截面。

3. 按电压损失校验

只有 110kV 及以下输电线路才需要进行电压损失校验，各级配电线路的最大允许电压损失值可参照表 4-2。

表 4-2   配电线路最大允许电压损失值

线路电压等级	允许电压损失（%）
110～10kV 线路	5

续表

线路电压等级	允许电压损失（%）
380V 线路（包括接户线）	5
220V 线路（包括接户线）	7

4．按机械强度校验

为了保证架空线路必要的安全机械强度，对于跨越铁路、通航河流和运河、公路、通信线路、居民区的线路，其导线截面不得小于 35mm²。通过其他地区的导线截面，按线路的类型分，容许的最小截面列于表 4-3 中。

表 4-3　　　　　　　　　　　　　　架空线路最小允许截面

导线构造	架空线路等级		
	Ⅰ类	Ⅱ类	Ⅲ类
单股线	不许使用	不许使用	不许使用
多股线（mm²）	25	16	16

注　35kV 以上线路为Ⅰ类线路，1～35kV 线路为Ⅱ类线路，1kV 以下为Ⅲ类线路。

5．按有功功率损耗校验

只有当电压为 35kV 及以下的小截面输电线路才需要进行有功功率损耗校验。目前暂无输电线路有功功率损耗限值规定，主要参考输电线路送端或者受端需求。若无特殊需求，可不进行有功功率损耗校验。

4.4　无功补偿

4.4.1　无功补偿总则

（1）电化学储能系统应具有电压/无功调节能力，为保证储能系统有功功率有效输出，其无功功率调节能力有限时，宜就地安装无功补偿设备/装置。

（2）通过 220V/380V 电压等级接入的储能系统功率因数应控制在 0.95（超前）～0.95（滞后）范围内。

（3）通过 10（6）k～35kV 电压等级接入的储能系统功率因数应能在 0.95（超前）～0.95（滞后）范围内连续可调。在其无功输出范围内，应具有参与电网电压调节的能力，无功动态响应时间不得大于 20ms，其调节方式、参考电压以及电压调差率等参数应满足并网调度协议的规定。

（4）通过 110（66）kV 及以上电压等级并网的储能电站，无功容量配置应满足下列要求：①容性无功容量能够补偿储能电站满发时站内汇集线路、主变压器的感性无功功率损耗及储能电站送出线路的一半感性无功功率损耗之和；②感性无功容量能够补偿储能电站自身的容性充电无功功率及储能电站送出线路的一半充电无功功率之和。

（5）通过 10（6）kV 及以上电压等级接入公用电网的电化学储能电站应同时具备就地和远程无功功率控制和电压调节功能。

（6）电化学储能系统在其储能变流器（PCS）额定功率运行范围内应具备四象限功率控制功能。

（7）储能电站要充分利用储能变流器（PCS）的无功容量及其调节能力：当变流器的无功调节能力不能满足系统电压调节需要时，应在储能电站集中加装动态无功补偿装置。

4.4.2　无功补偿配置相关计算

储能变流器（PCS）以交直流双向变换为基本特点，具备无功功率控制能力，大部分厂家 PCS 具备功率因数在 0.9（超前）～0.9（滞后）范围内连续调节的能力。但需要在储能电站配置 PCS 协调控制装置，且动态响应时间满足要求，以充分发挥 PCS 无功电压调节能力。因而，这里所指储能电站无功补偿容量计算是在考虑 PCS 具备一定的动态无功调节能力后储能电站尚需配置的无功补偿量。

4.5　电能质量分析

储能电站接入电网公共连接点的电能质量应符合现行 GB/T 12325—2008《电能质量　供电电压偏差》、GB/T 12326—2008《电能质量　电压波动和闪变》、GB/T 14549—1993《电能质量　公共电网谐波》和 GB/T 15543—2008《电能质量　三相电压不平衡》的规定，向电网馈送的直流电流分量不应超过其交流额定值的 0.5%。

4.5.1　谐波

电化学储能系统接入公共连接点的谐波电压、电流应满足 GB/T 14549—1993《电能质量　公用电网谐波》的要求。电化学储能系统接入公共连接点的间谐波电压、电流应满足 GB/T 24337—2009《电能质量　公用电网间谐波》的要求。谐波电流允许值受系统小方式下的短路容量影响，修正公式为

$$I_h = \frac{S_{k1}}{S_{k2}} I_{hp}$$

式中：I_h 为短路容量为 S_{k1} 时的第 h 次谐波电流允许值，A；S_{k1} 为公共连接点的最小短路容量，MVA；S_{k2} 为基准短路容量，MVA；I_{hp} 为国标中的第 h 次谐波电流允许值，A。

同一公共连接点的每个用户向电网注入的谐波电流允许值按此用户在该点的协议容量与公共连接点的供电设备容量之比进行分配。具体公式如下

$$I_{hi} = I_h (S_i S_t)^{1/a}$$

式中：S_i 为第 i 个用户的用电协议容量，MVA；S_t 为公共连接点的供电设备容量，MVA；I_{hi} 为第 i 个用户的第 h 次谐波电流允许值，A；a 为相位叠加系数。

谐波电压含有率 HRU_h 与第 h 次谐波电流分量 I_h 的关系为

$$HRU_h = \frac{\sqrt{3} \cdot U_N \cdot h \cdot I_h}{10 \cdot S_k} (\%)$$

式中：HRU_h 表示用户注入电网的电压中第 h 次谐波电压含有率；U_N 表示电网的标称电压，kV；h 表示用户注入电网谐波频率与电网基波频率的比值；I_h 表示第 h 次谐波电流，A；S_k 为电化学储能电站接入电网点的三相短路容量，MVA。

4.5.2　电压偏差

电化学储能系统接入公共连接点的电压偏差应满足 GB/T 12325—2008《电能质量　供电电压偏差》的要求，电压偏差的限制为：

（1）35kV 及以上供电电压正、负偏差绝对值之和不超过标称电压的 10%，如供电电压上下偏差同号（均为正或负时），按较大的偏差绝对值作为衡量依据。

（2）20kV 及以下三相供电电压偏差为标称电压的 ±7%。

（3）220V 单相供电电压偏差为标称电压的 +7%，–10%。

4.5.3　电压波动和闪变

电化学储能系统接入公共连接点的电压波动和闪变值应满足 GB/T 12326—2008《电能质量　电压波动和闪变》的要求。

对于接入不同电压，等级的系统，对应不同电压变动频度（r），其电压波动限值（d）见表 4-4。

表 4-4　　　　　　　　　　　　　　　　　　电压波动限值

r（次/h）	d%	
	低压、中压	高压
$r \leqslant 1$	4	3
$1 < r \leqslant 10$	3	2.5
$10 < r \leqslant 100$	2	1.5
$100 < r \leqslant 1000$	1.25	1

注　系统标称电压 U_n 按以下划分：低压：$U_n \leqslant 1kV$；中压：$1kV < U_n \leqslant 35kV$；高压：$35kV < U_n \leqslant 220kV$。

4.5.4　电压不平衡度

电化学储能系统接入公共连接点的电压不平衡度应满足 GB/T 15543—2008《电能质量　三相电压不平衡》的要求，公共连接点的负序电压不平衡度应不超过 2%，短时不得超过 4%；其中接于公共连接点的每个用户引起该点负序电压不平衡度允许值一般为 1.3%，短时不超过 2.6%。

负序电压不平衡度 ε_{U2} 的计算公式为

$$\varepsilon_{U2} = \frac{\sqrt{3}I_2 U_L}{S_k} \times 100(\%)$$

式中：I_2 为负序电流值，A；S_k 表示公共连接点的三相短路容量，VA；U_L 为线电压，V。

4.5.5　直流分量

电化学储能系统经变压器接入公共连接点的直流电流分量不应超过其交流额定值的 0.5%。电化学储能系统经变流器直接接入配电网的，向配电网馈送的直流电流分量应不超过其交流额定值的 1%。

4.5.6　监测及治理要求

GB/T 36547—2018《电化学储能系统接入电网技术规定》要求，通过 10（6）kV 及以上电压等级接入公共电网的电化学储能系统宜装设满足 GB/T 19862—2016《电能质量监测设备通用要求》的电能质量监测管理；当电化学储能系统的电能质量指标不满足要求时，应安装电能质量治理设备。Q/GDW 1564—2014《储能系统接入配电网技术规定》规定，通过 35kV 及以下电压等级接入配电网的电化学储能系统，应在储能系统公共连接点处装设 A 类电能质量在线监测装置；A 类电能质量在线监测装置应满足 GB/T 17626.7—2017《电磁兼容　试验和测量技术　供电系统及所连设备谐波、间谐波的测量和测量仪器导则》的要求。

电化学储能系统应在并网运行 6 个月内向电网调度机构或相关管理部门提供由资质单位出具的并网测试报告，储能电站投运后对电网电能质量的影响以此为准。

第5章 电气一次部分

5.1 电气主接线

电气主接线应根据电站接入系统设计方案、电压等级、设计容量、变压器连接元件总数、储能系统设备特点等条件确定，应易于操作检修和改扩建，实现可靠性、灵活性、经济性的协调统一。

高电压侧接线形式应根据系统和电站对主接线可靠性及运行方式的要求确定，可采用单母线、单母线分段等接线形式。当电站经双回路接入系统时，宜采用单母线分段接线。

5.2 电气设备选择

电气设备性能应满足电站各种运行方式的要求。电气设备和导体选择应符合 GB 50060—2008《3～110kV 高压配电装置设计规范》和 DL/T 5222—2021《导体和电器选择设计规程》的规定。对于 20kV 及以下电站还应满足 GB 50053—2013《20kV 及以下变电所设计规范》的规定。储能电站电气设备选型主要涉及：

（1）集装箱式储能电池：集装箱储能电池采用模块化设计，箱体需要考虑运行方便，内部空间满足运行检修要求。

（2）储能变流器（PCS）：PCS 额定功率等级（kW）优先采用以下系列：250、500、630、750、1000、1500、2000、5000、8000，典型设计方案推荐采用 500kW 功率，交流侧电压宜为 400V；直流侧电压根据储能电池参数选取。

（3）升压变压器：宜采用户内干式变压器；变比根据回流母线电压等级、PCS 交流侧电压选取；容量结合储能升压单元设计方案选取。

（4）站用变压器：宜采用干式变压器，容量结合储能电站规模计算确定。

（5）配电装置：配电装置主要包含进线柜、TV 柜、出线柜、所用变开关柜。

（6）避雷器：根据 GB/T 50064—2014《交流电气装置的过电压保护和绝缘配合设计规范》和 GB 11032—2020《交流无间院金属氧化物避雷器》进行选择。

5.3　电气设备布置

综合考虑安全、施工、运行及维护建设用地等因素，结合电池组布置的方案，储能电站采用户外集装箱布置。电气设备布置应根据站址周边情况及线路方向，合理布置各电压等级配电装置的位置、集装箱的位置，确保站内电缆布局合理，避免或减少不同电压等级的线路交叉。

总平面布置应因地制宜，采取必要措施减少电站占地面积及土石方工程量，同时需兼顾消防设施布置需求。电气总平面的布置应考虑机械化施工的要求，满足集装箱、电气设备的安装、试验、检修起吊、运行巡视以及消防装置所需的空间和通道。

电气设备布置应符合 GB 50060—2008《3～110kV 高压配电装置设计规范》的规定。对于 20kV 及以下电站布置还应符合 GB 50053—2013《20kV 及以下变电所设计规范》的规定。

集装箱设计保证 25 年内外观、机械强度、腐蚀程度等满足实际使用的要求。集装箱需具备防水、防火、防尘（防风沙）、防震、防盗等功能。集装箱结构、隔热材料、内外部装饰材料等全部使用阻燃耐火材料。集装箱顶部必须保证不积水、不渗水、不漏水、不凝露。沿海建设的电化学储能电站集装箱设备应具备防盐雾腐蚀性能。

储能系统通风散热能力必须保证有足够的进风量、出风量、防尘系统和内部空气流通系统，必须配置可靠有效的强制通风散热设备。同时，必须对出风口进行有效保护，防止小动物、灰尘等进入和外界雨水倒灌。

集装箱内隔热保温能力与降温能力必须能保证外部环境温度低于 10℃时，内部温度为 15℃±5℃；外部环境温度高于 10℃，内部最高空气温度不高于外部环境 10℃。同时电池所处空间（集装箱内）最低处与最高处温差不得大于 5℃。

集装箱内应配置烟雾传感器、温度传感器、湿度传感器、可燃气体探测器（CO 和 H_2）等不可少的安全监测设备，同时必须确保任意通道位置都可以从两个不同方向前往最少两个不同的出口。烟雾传感器与温度传感器必须和本工程的控制开关形成电气连锁，一旦检测到故障，必须通过声光报警及远程通信的方式通知监护人员与用户，并切断其所对应的运行中的电池设备。集装箱内必须保证维护与运输通道上有两盏应急照明灯，一旦系统断电，应急照明灯立即投入使用。

5.4 防雷接地

5.4.1 防雷

10kV 交流进线侧均装设氧化锌避雷器，对过电压进行保护。储能站内为集装箱单元，无户外电气设备。参照 GB 50057—2010《建筑物防雷设计规范》5.3.7 条，按第二类防雷建筑物设计要求执行。采用预制舱设备时，其预制舱顶部钢板厚度不应小于 4mm，钢板之间具有持久的贯通连接；不满足时预制舱设备场地应设置直击雷电过电压保护装置。

5.4.2 接地

按 GB/T 50065—2011《交流电气装置的接地设计规范》要求，对所有电气设备外壳、开关柜接地母线以及其他可能事故带电的金属构件均要求可靠接地，具体要求如下：

（1）所有的电池组支架均通过舱体接地引下线与地网直接连接，防止静电积累，做好设备等可导电部位的保护接地；所有的设备外壳均通过接地线连接至接地网。

（2）保护接地、工作接地、过电压保护接地使用同一个接地网。接地网采用人工复合接地网方式。

5.5 光/电缆敷设

电缆采用穿管敷设方式。电缆防火按 GB 50217—2018《电力工程电缆设计标准》电缆防火与阻燃要求实施。并需符合 GB 50229—2019《火力发电厂与变电站设计防火标准》、DL 5027—2015《电力设备典型消防规程》的有关防火要求。

储能站集装箱内、外的连接电力电缆均采用 B 级阻燃电缆，所有控制电缆均采用 B 级阻燃铠装屏蔽控制电缆，铠装控制电缆的外皮均应接地。直流馈线电缆要求采用 B 级阻燃耐火电缆，在场地上进行埋管保护敷设。

电缆选择及敷设应按照 GB 50217—2018《电力工程电缆设计标准》进行，高压电气设备本体与变电站之间宜采用标准接口的预制电缆连接。火灾自动报警系统、消防系统的供电线路、消防联动控制线路应采用耐火铜芯电缆，其余线缆采用 B 级阻燃电缆。

在满足线缆敷设容量要求的前提下，户外集装箱式储能电池场地敷设主通道可采用电缆沟。配电装置需合理设置电缆出线间隔，使之尽可能与站外线路引接位置匹配，减少电缆迂回交叉。主电缆沟与分支电缆沟之间采用防火分隔。电缆沟内光缆线路敷设在最底层并采用防火槽盒保护。

5.6　站用电源

站用电源配置应根据电站的定位、重要性、可靠性要求等条件确定。大容量电化学储能电站，宜采用双回路供电互为备用；中、小容量电化学储能电站可采用单回路供电。站用电的设计，应符合 GB 50054—2011《低压配电设计规范》的规定。一般来说，站用电源主要为电池预制舱、二次设备舱、总控舱的照明、暖通、检修电源以及二次设备辅助用电等供电，同时满足消防系统启动运行需求。移动式储能电站的照明、暖通、监控系统以及二次设备辅助用电由电池舱内的配电系统自行提供。

5.7　照明

5.7.1　一般要求

照明系统采用交流 50Hz，电压采用 220/380V，带电导体系统采用三相四线制，接地型式采用 TN-S 系统，布线采用放射式接线。

储能电池舱内灯具采用防爆等级ⅡC 的节能型 LED 灯具，电源线采用 B 级阻燃线缆。其他区域采用节能型 LED 灯具，线路采用 C 级阻燃线缆。灯具配置节能集中控制模块开展照明智能调控。

各区域根据生产需要设计不同照度如下：

储能电池舱内：200Lx；

电气设备间：200Lx；

工具舱：150Lx；

舱外操作区：100Lx。

5.7.2 站场照明系统

站场照明系统设置正常工作照明和消防应急照明（备用照明、疏散照明）。电气照明的设计应符合 GB 50034—2013《建筑照明设计标准》、GB 50582—2010《室外作业场地照明设计标准》和 DL/T 5390—2014《发电厂和变电站照明设计技术规定》。照明设备安全性应符合 GB 19517—2019《国家电气设备安全技术规范》的规定。线路敷设应采用排管敷设、统一布置。

5.7.3 舱内照明系统

舱内照明系统由正常照明和消防应急照明两部分组成，舱内正常照明由站用电低压侧供电，消防应急照明部分疏散指示自带蓄电池，也可以由一体化电源中的 UPS 供电。舱内统一采用防爆等级为ⅡC LED 照明灯作为正常照明及事故照明，两侧检修门口设置安全通道指示灯和疏散照明灯，各区域照度符合 DL/T 5390—2014《发电厂和变电站照明设计技术规定》要求。根据 GB 50116—2013《火灾自动报警系统设计规范》的有关要求进行火灾自动报警及联动控制系统设计。储能电池舱内灯具均采用防爆型。

第6章 二 次 系 统

6.1 继电保护

6.1.1 设计原则

（1）所有保护均选用微机型保护装置。

（2）继电保护和安全自动装置应满足可靠性、选择性、灵敏性和速动性的要求。

6.1.2 10kV进线保护

本期储能电站通过1回10kV线路接入储能站，线路两侧各配置1套光纤差动保护。设备就地布置于线路开关柜。

6.1.3 10kV储能线路保护

储能单元通过10kV接入储能站10kV母线，每个储能单元线路配置1套线路保护，具备过流、过负荷功能。本期共6个储能单元，配置6套储能线路保护，设备就地布置于储能单元开关柜。

6.1.4 10kV母线保护

本期储能站10kV采用单母线接线，配置1套母线保护，组1面屏。

6.1.5   故障录波

本期储能站配置 1 套故障录波装置，采集 10kV 电流、电压、频率、功率、开关量、保护装置的硬接点开出动作信号等。

6.1.6   对侧间隔

在对侧变电站、开关站或环网站未利用或扩建的 1 个间隔接入储能电站。对接入的线路根据标准配置自动保护装置。该保护装置采用保护测控集成装置，就地布置于开关柜。

6.2   监控系统

6.2.1   设计原则

（1）储能站按"无人值班、有人值守"模式进行设计。

（2）储能站二次控制采用计算机监控系统。

（3）综合自动化系统采用开放式分层分布系统结构。

（4）计算机监控系统必须满足 GB 17859—1999《计算机信息系统安全等级划分准则》及电监会 5 号令《电力二次系统安全防护规定》和"关于印发《电力二次系统安全防护总体方案》等安全防护方案的通知"的要求，并按国家电力监管委员会"关于印发《电力行业信息系统等级保护定级工作指导意见》的通知"确定电站信息安全保护等级。

（5）通信规约统一采用 IEC 61850 规约。

6.2.2   监控系统

储能电站监控系统根据系统的要求和储能电站的运行方式，实时完成对储能电站、控制电源系统等电气设备的自动监控和调节，并同时在智能控制调度系统内集成储能 PCS 和电池本体监控软件，可以实现对电池本体的监测和对 PCS 的监控功能。电池储能监控平台用于电池储能系统的监视和控制，协调储能系统的协调运行及系统接入，实现电池储能系统的应用。除实现常规三遥（遥测、遥信、遥控）功能外，储能监控系统根据不同的控制需求，具有多种应用方式，如削峰填谷的应用功能等，监控系统示意如图 6-1 所示。

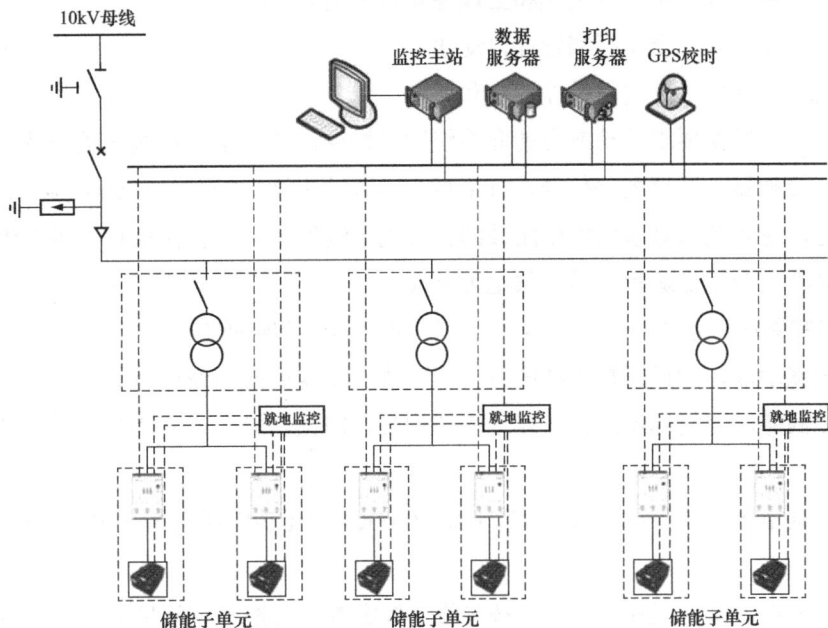

图 6-1　储能电站监控系统结构示意图

电池储能监控系统采用分层、分布式控制方案，一般包括站控层（监视层、协调控制层）和就地监控层两大部分。监视层主要负责通信管理、数据采集、数据处理及运行管理等功能。协调控制层完成系统级的协调控制功能，下发功率控制命令至本地控制器，以实现对各变流器的功率控制。就地监控层由就地监测与控制系统组成，监测 PCS、电池及配电系统的实时状态，并将上层控制指令及时下发给每个控制单元。

电池储能监控系统通信方案采用双网通信结构，储能系统的关键运行信息（控制指令等信息）与一般的运行信息（单体电池数据）分别传送，实现快速控制及全面监视电池储能系统信息的目的。主要包括：

（1）准确、及时地对整个电站设备运行信息进行采集和处理并实时上送。

（2）对电气设备进行实时监控，保证其安全运行和管理自动化。

（3）根据电力系统调度对本站的运行要求，进行最佳控制和调节。

（4）监控整个系统的运行状态，并根据要求手动或自动向系统发出指令，控制整个系统充放电状态，设定电能曲线。

（5）通过对三相电压、电流、接触器、断路器等信号进行采样，实时输出波形控制，达到调频、调相、控制功率的功能。通过软件对一组储能模块提供软件保护功能，主要包括具备低电压闭锁的三段式电流保护、过负荷保护、零序保护等保护功能。

（6）实现对电池的管理，保障其安全稳定运行，提高供电可靠性。

（7）可以对 BMS 和 PCS 的控制系统下达指令，从而实现所有的本地操作和维护功能。

（8）可实现全站的防误操作闭锁功能，通过监控系统的逻辑闭锁软件实现储能系统电气设备的防误操作闭锁功能，同时在受控设备的操作回路中串接关联间隔的闭锁回路。储能电站远方、就地操作均具有闭锁功能，本间隔的闭锁回路由电气闭锁接点实现，也可采用能相互通信的间隔层测控单元实现。

（9）实现接收电网远方调度控制指令，具备运方有功功率控制（AGC）、无功电压调节（AVC）能力。

1. 计算机监控系统配置

系统配置包括硬件配置和软件配置，站控层和间隔层均按最终规模配置。监控系统站控层结构示意如图 6-2 所示。

站控层为储能电站实时监控中心，负责整个储能电站设备的控制、管理和对外部系统通信等，按如下方案配置：

（1）主机兼操作员站配置 2 台主机兼操作员站，作为站控层数据收集、处理、存储及网络管理的中心。主机兼操作员站是站内监控及能量管理系统的主要人机界面，用于图形及报表显示、事件记录及报警状态显示和查询、设备状态和参数的查询、操作指导、操作控制命令的解释和下达等。运行人员可通过工作站对储能电站各一次及二次设备进行运行监测和操作控制。同时还承担着监控及能量管理系统的维护功能，进行系统维护工作时须有可靠的登录保护。主机按照双机冗余配置，同时运行，互为热备用。

（2）综合应用服务器配置 1 台综合应用服务器，与输变电设备状态监测和辅助设备进行通信，采集电源、计量、消防、安防、环境监测等信息，经过分析和处理后进行可视化展示，通信规约采用 IEC 61850。

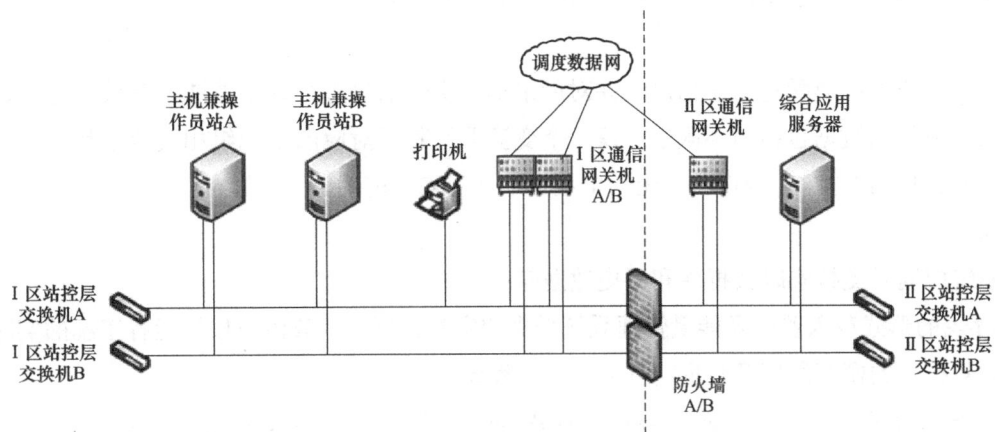

图 6-2 储能电站监控系统站控层结构示意图

（3）通信网关机配置 2 台 I 区通信网关机，1 台 II 区通信网关机。通信网关机采用专用独立的高性能服务器。I 区通信网关机通过直采直送的方式实现与调度（调控）中心的实时数据传输，并提供运行数据浏览服务。II 区通信网关机通过防火墙从数据服务器获取 II 区数据和模型等信息，与调度（调控）中心进行信息交互，提供信息查询和远程浏览服务。通信网关机具有远动数据处理、规约转换及通信功能，满足调度自动化的要求，并具有串口输出和网络口输出能力，能同时适应通过专线通道和调度数据网通道与各级调度端主站系统通信的要求。

监控系统能够同时和多个控制中心进行数据通信，且能对通道状态进行监视。能正确接收、处理、执行相关控制中心的遥控命令，但同一时刻只能执行一个主站的控制命令。远动通信设备具有进行软件组态、参数修改等维护功能，本站监控数据预留接入远景统一平台接口。

（4）站控层交换机配置2台Ⅰ区站控层交换机，2台Ⅱ区站控层交换机。

（5）防火墙在Ⅰ区站控层交换机和Ⅱ区站控层交换机之间配置2台防火墙。

2.　功能描述

监控系统采集电池系统、变流器以及配电系统信息，并对所采集的实时信息进行数字滤波、有效性检查、工程值转换等加工，从而提供可应用的各种实时数据。采集的数据包括但不限于：每一个变流器及其所对应的电池组相关数据和升压变信息。同时能够接收电网远方调度控制指令，具备远方有功功率控制（AGC）、无功电压调节（AVC）能力。

3.　数据库的建立与维护

（1）监控及能量管理系统应同时支持实时数据库和历史数据库：

1）实时数据库：以内存表的形式载入监控及能量管理系统采集的实时数据，其数值应根据运行工况的实时变化而不断更新，记录被监控设备的当前状态。实时数据库的刷新周期及数据精度应满足工程要求。

2）历史数据库：支持各种主流关系数据库。对于需要长期保存的重要数据可选定周期存放在数据库中。历史数据应能存储12个月以上，所有历史数据应能转存至光盘作长期存档，并能回装到历史数据库作查询之用。

3）支持对海量数据库存储和查询。

（2）数据库管理数据库管理功能包括：

1）快速访问常驻内存数据和硬盘数据，在并发操作下能满足实时功能要求。

2）允许不同程序对数据库内的同一数据集进行并发访问，保证在并发方式下数据库的完整性和一致性。

3）具有良好的可扩性和适应性。能自动满足数据规模的不断扩充，提供丰富接口供各种应用程序的访问。

4）在线生成、修改数据库，对任一数据库中的数据进行修改时，数据库管理系统应对所有工作站上的相关数据同时进行修改，保证数据的一致性。

5）计算机系统故障消失后，能恢复到故障前状态。

6）可方便地交互式查询和调用，其响应时间应满足工程要求。

7）应有实时镜像功能。

4. 操作与控制

监控系统的操作和控制模块实现人工置数、标识牌操作、闭锁和解锁操作、远方控制与调节功能。

（1）人工置数。人工输入的数据包括状态量、模拟值、计算量，人工输入数据应进行有效性检查，提供界面以方便修改与联合监控系统运行有关的各类限值。

（2）标识牌操作。提供自定义标识牌功能，常用的标识牌应包括：锁住、保持分闸/保持合闸、警告、接地、检修等。可以通过人机界面对一个对象设置标识牌或清除标识牌，在执行远方控制操作前应先检查对象的标识牌。单个设备允许设置多个标识牌。标识牌操作保存到标识牌一览表中，包括时间、设备名、标识牌类型、操作员身份和注释等内容。所有的标识牌操作进行存档记录。

（3）闭锁和解锁操作。闭锁功能用于禁止对所选对象进行特定的处理，应包括闭锁数据采集、告警处理和远方操作等；闭锁功能和解锁功能应成对提供；所有的闭锁和解锁操作应进行存档记录。

（4）远方控制与调节。内容主要包含储能变流器遥调控制，包括有功设点控制、无功设点控制；储能电站整站遥调控制；断路器的分合；投/切远方控制装置（就地或远方模式）；成组控制，可预定义控制序列，实际控制时可按预定义顺序执行或由运行人员逐步执行，控制过程中每一步的校验、控制流程、操作记录等支持与单点控制采用同样的处理方式。

对开关设备实施控制操作一般应按三步进行。选点—预置—执行。预置结果显示在画面上，只有当预置正确时，才能进行"执行"操作。在进行选点操作时，当遇到如下情况之一时，选点应自动撤销：

1）控制对象设置禁止操作标识牌。

2）校验结果不正确。

3）遥调设点值超过上下限。

4）当另一个控制台正在对这个设备进行控制操作时。

5）选点后 30~90s（可调）内未有相应操作。

控制与调节中需要采取的安全措施包括：

1）操作必须从具有控制权限的工作站上才能进行。

2）操作员必须有相应的操作权限。

3）双席操作校验时，监护员需确认。

4）操作时每一步应有提示，每一步的结果有相应的响应。

5）操作时应对通道的运行状况进行监视。

6）提供详细的存档信息，所有操作都记录在历史库，包括操作人员姓名、操作对象、操作内容、操作时间、操作结果等，可供调阅和打印。

5. 报警处理

监控系统具有事故报警和预告报警功能。事故报警包括非正常操作引起的断路器跳闸和保护装置动作信号；预告报警包括一般设备变位、状态异常信息、模拟量或温度量越限等。

（1）事故报警。

1）事故状态方式时，事故报警立即发出音响报警（报警音量可调），操作员工作站的显示画面上用颜色改变并闪烁表示该设备变位，同时显示红色报警条文，报警条文可以选择随机打印或召唤打印。

2）事故报警通过手动或自动方式确认，每次确认一次报警，自动确认时间可调。报警一旦确认，声音、闪光即停止。

3）第一次事故报警发生阶段，允许下一个报警信号进入，即第二次报警不应覆盖上一次的报警内容。报警装置可在任何时间进行手动试验，试验信息不予传送、记录。报警处理可以在主计算机上予以定义或退出。事故报警有自动推画面功能。

（2）预告报警发生时，除不向远方发送信息外，其处理方式与上述事故报警处理相同（音响和提示信息颜色应区别于事故报警）。部分预告信号应具有延时触发功能。

（3）对每一测量值（包括计算量值），可由用户序列设置四种规定的运行限值（低低限、低限、高限、高高限），分别可以定义作为预告报警和事故报警。四个限值均设有越/复限死区，以避免实测值处于限值附近频繁报警。

（4）开关事故跳闸到指定次数或开关拉闸到指定次数，应推出报警信息，提示用户检修。

6.2.3 间隔层配置

间隔层是储能电站生产过程的基础，负责完成储能电站设备的控制监视，测控单元可分别完成各间隔设备的数据实时采集和控制操作、断路器的分合闸操作、逆变器调节等，并与站控层实时通信。

1. 协调控制层

协调控制层的主要设备为协调控制器，在储能电站控制系统中处于关键地位，完成系统级的协调控制作用。协调控制器通过通信网络向各就地控制单元下发相应功率控制命令值，就地控制单元将该目标功率值，实时再分配给所管辖的各变流器组，以实现对各变流器的功率控制。

协调控制层包括但不限于削峰填谷、并离网模式切换、储能变流器协调控制等功能。协调控制层综合利用储能系统中各电池的实时数据，多角度在线进行储能系统的控制，实现集成化储能系统中各电池组的实时调度管理和多层协调控制。根据要求，储能监控系统具备削峰填谷应用功能，同时可进行并离网切换、逆功率控制等。

2. 就地控制系统

就地控制系统（就地层）由就地监测子系统与控制子系统组成，用于监测与控制相关变流器和电池系统，具备数据收集存储及上传至储能电站监控系统的功能。就地控制系统由监测单元负责设备的管理与监控，由设备控制器与监控单元完成过程控制与参数的监测。

就地控制系统由就地监测单元、变流器控制系统、电池管理系统、通信系统组成。其通信网络采用以太网、CAN 总线进行架构，采用的通信协议支持 IEC 60870-5-104、MODBUS TCP/IP、CAN 等。

3. 就地控制系统监控功能

（1）接收执行储能电站监控该系统功能：通过光纤以太网接口连接储能电站监控系统；接收储能电站监控系统的指令，执行相应的操作。

（2）就地监测控制功能：该系统应及时监测变流器、变压器、开关柜等设备；当储能电站监控系统退出或意外中断时，就地控制系统在设定的时间内自主维持运行，主要的控制功能有：

1）控制变流器启动/停止。

2）设定运行参数：有功输出（输入）功率、无功输出（输入）功率等。

（3）事故告警功能：

1）当本地设备通信异常时上传并记录告警信息，由储能电站监控系统进行处理。

2）当电池系统和变流器发生异常时，采用声光报警方式提示设备出现故障，并记录故障产生原因。

（4）信息采集记录功能：该系统应实时采集变流器、变压器、开关柜等设备参数、运行参数、事件信息、故障信息、告警记录等，以及通过 CAN 读取 BMS 中的电池运行数据，并长期就地保存数据。其中，事件信息包括远程控制、远程设定、本地控制、本地设定等事件。相关信息可生成图表和曲线，以便于监测和分析研究。

（5）数据定期备份功能：该系统可按照一定周期在备用工作站进行数据备份功能。

（6）设备检测功能：该系统应定期开展变流器、变压器、开关柜等设备监测，并生成检查报告。

（7）用户权限管理功能：该系统实行用户权限管理，根据设定的层级对操作人员权限进行授予、限制或禁止。

（8）用户界面友好：该系统应"以人为本"配置友好的用户界面，直观地显示所有设备的实时状态，降低监测、控制工作强度。

6.3　系统调度自动化

6.3.1　储能电站调度数据网结构示意图

储能电站调度数据网结构示意图如图 6-3 所示。

6.3.2　调度数据网设备配置

（1）本工程在储能电站进行调度数据网双平面建设，配置调度数据网接入设备一套，包括 2 台路由器、4 台网络交换机，将远动、电能数据信息通过电力调度数据网络通道及时、可靠传送到调度部门。

（2）按照"全国电力二次系统安全防护总体要求"，站内可根据需要安装网络信息安全防护装置，配置 4 套纵向加密认证装置。

（3）按照《国家电网公司关于加快推进电力监控系统网络安全管理平台建设的通知》（国家电网调〔2017〕1084 号）文件要求，在储能电站配置网络安全监测装置一台，实现对网络安全事件的本地监视和管理，同时转发至调控机构网络安全监管平台的数据网关机。

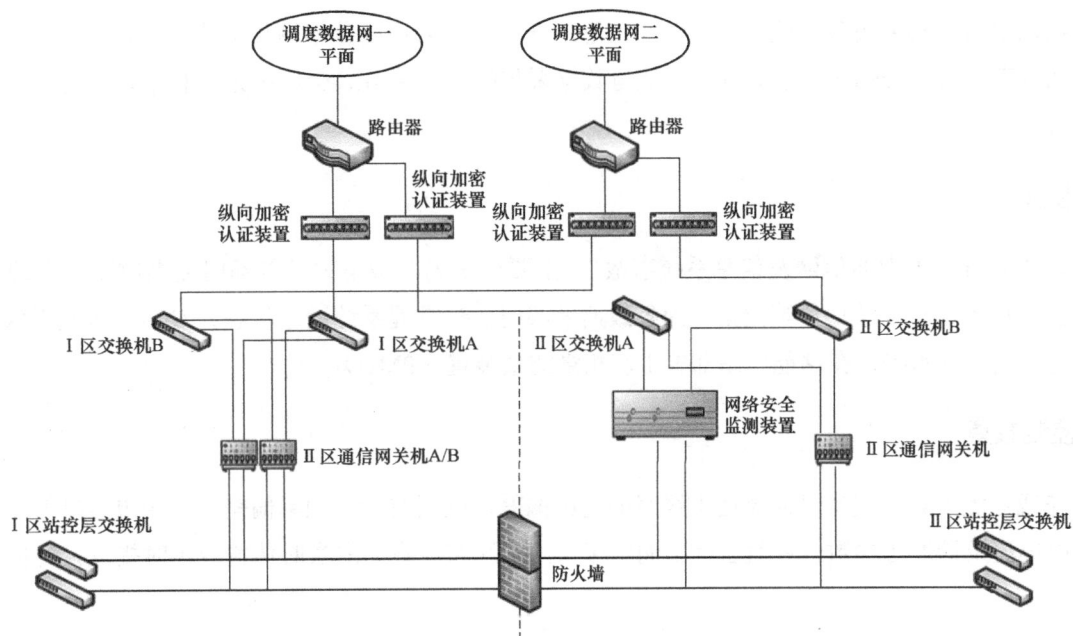

图 6-3 储能电站调度数据网结构示意图

6.3.3 关口点设置

总计量关口设置在储能站与变电站的产权分界处。计量关口设置在储能站并网点。关口点设主电能计量表和校核电能计量表，电能表精度为 0.5S 级。主电能计量表用作结算电费的依据；校核电能计量表用作确认主电能计量表是否运行正确，在主电能计量表运行不正确期间，校核电能表将作电费计算的依据。

储能进线侧及站用变压器侧配置考核电能表。

电能量数据采集终端以串口方式采集各电能量计量表计信息，并通过电力调度数据网与电能量主站通信，实现对电能量采集、数据处理、分时存贮、长时间保存、远方传输等功能。同时电能量数据采集终端支持 IEC 61850 通信标准，电能量信息通过电能量远方终端接入储能变电站监控系统。

6.3.4   相量测量装置

为防止电网调度自动化系统、电力通信网及信息系统事故"，主要用来为各级电力调度部门提供快速、准确、实时的基于北斗/GPS系统同步的电力系统相量、功率、频率及功角等数据，为各级调度部门及时掌握系统运行状态并对异常情况采取必要的控制措施，从而进一步提高电力系统安全稳定运行水平，在储能电站部署 1 套相量测量装置（PMU）。

6.3.5   电能质量监测装置

配置 1 套电能质量在线监测装置，能实时监测送出线路的电压偏差、电压波动、频率偏差、三相电压幅值相位不平衡度、三相电流幅值相位不平衡度、负序电流及谐波等参数，并具备标准通信接口，实现监测数据的实时传输或定时提取，并能对通信口进行灵活配置与实时监视。

6.3.6   时间同步系统

为使储能电站二次设备时间同步、提高对时精度，配置 1 套全站时间同步系统，满足储能电站计算机监控系统的站控层设备（含主机兼操作员站、远动数据处理及通信装置等）、网络设备、测控装置、保护装置等设备对时的要求。站控层设备、网络设备等宜采用 SNTP对时，保护、测控装置等其他设备宜采用 B 码对时。

6.3.7   远程监视采集装置 KVM

为实现对储能电站的远程监视、管理与维护，配置 1 台远程监视采集信号的硬盘刻录机（KVM）。KVM 将采集信号通过调度数据网上传，采用一分二分配器输出，保留站端监控功能。

6.4　元件保护及安全自动装置

6.4.1　储能单元保护

储能站每个储能单元自带保护功能，具备低电压闭锁的三段式电流保护、过负荷保护及零序保护功能。

6.4.2　站用电保护

储能站每台站用变配置 1 套站用变压器保护装置，其应具备过流保护功能。

6.4.3　防孤岛保护

储能站配置 1 套防孤岛保护，采集母线电压、电源进线电压，投入过频、过压、低频、低压防孤岛保护，保护动作跳 10kV 进线线路。

6.4.4　电力系统安全稳定控制装置

储能站配置 1 套电力系统安全稳定控制装置，采集母线电压、电源进线电压，投入过频、过压、低频、低压保护，保护动作跳各储能进线和 10kV 电源进线。

6.4.5　故障解列装置

储能站通过 10kV 线路接至变电站，在变电站以及储能站本侧均配置 1 套故障解列装置。

6.5　一体化电源系统

储能站一体化电源系统由站用直流电源、交流不间断电源（UPS）、直流变换电源（DC/DC）等装置组成，并统一监视控制，站内保护、自动装置与通信装置共享直流电源的蓄电池组。

6.5.1　直流控制电源系统

直流电源系统需具备巡检装置功能，充电装置采用 1 套高频开关电源，该装置采用模块化设计，直流控制电源系统会因蓄电池容量不同、直流系统所带负荷不同，而采用不同的充电模块，以 $N+1$ 冗余模块并联组合方式供电，具有智能化程度高和可靠性高等特点。

6.5.2　交流控制电源系统

设置 1 套交流控制电源子系统，交流电源回路引自变电站所用电系统，电压等级为 AC 380/220V，为集控集装箱内辅助照明、加热、空调等设备提供交流电源。同时配置 UPS 电源供储能电站监控系统、火灾自动报警、视频监控系统等使用。

6.5.3　通信电源

配置 1 套 DC/DC 装置，DC/DC 装置与其相应的–48V 馈线等设备组成 1 面柜。

6.6　视频监控及环境监测系统

全站配置 1 套智能辅助控制系统，由图像监视及安全警卫子系统、火灾自动报警及消防子系统、环境监测子系统等组成，实时接收各终端装置上传的各种模拟量、开关量及视频图像信号，分类存储各类信息并进行分析、计算、判断、统计和其他处理，实现上述系统的智能联动控制。

6.6.1　站端系统结构

站端系统由站内监视工作站、视频监视设备、环境采集单元、网络设备和存储设备等构成。

6.6.2　站端系统配置

图像监视及安全警卫系统设备包括视频服务器、多画面分割器、录像设备、摄像机、编码器及沿变电站围墙四周设置的电子围栏等。

其中视频服务器等后台设备按全站最终规模配置，并留有远方监视的接口。就地摄像头按本期建设规模配置。

视频监控设备全部采用网络摄像机，摄像机的视频信号通过网线传输至网络交换机，网络交换机将信号传输至视频工作站和存储设备进行视频存储。摄像机的安装位置应不影响被监控设备的运行，且便于安装维护，具备远程遥控功能，预留接入变电站智能辅控系统接口。布置在舱外的网络摄像机应自带防雷装置。

电子围栏的布置应满足 GB/T 7946—2015《脉冲电子围栏及安装和安全运行》的要求。

6.6.3 站端系统供电方案

站端系统、网络设备、存储设备由集控室内一体化电源交流屏供电。

网络摄像机就地均配置电源配电器，由所在的集装箱柜内主变压器低压侧引出的电源进行就地供电。

6.6.4 终端控制系统

终端控制系统即系统控制部分，主要由硬盘录像机、视频工作站等组成，可与电站火灾报警监视系统联网实现警视联动功能，依据火灾报警系统有关报警信息，自动推出事故区域关联摄像机全屏报警画面，自动启动录像。

数字硬盘录像系统是集计算机网络化、多媒体智能化与监控电视为一体，以数字化的方式和全新的理念构造出的新一代监控图像硬盘录像系统。系统在实现本地数字图像监控管理的同时，又能实现监控图像画面的远程传送，加强了整体安全管理。在系统中，所有图像数据均以数字形式保存，这与传统的模拟信号系统相比较，画面具有更高的清晰度和逼真感，数据的传输更可靠，速度更快。

由于数字硬盘录像设置在计算机系统中，信息可以自由传递到网络能够到达的范围，因此监控图像的显示不再拘泥于传统的图像切换方式，可以根据需要在任何被授权的地点监控任何一处的监控图像，使系统具有极强的安全管理能力。数字硬盘录像机可将多个摄像机的多路图像实时显示于一台监视器上，同时，还可将所有的图像录制于其配套的存储服务器中，以备回放、查找和转换，并可将图像备份至外置硬盘中。

6.6.5 录像存储系统

录像存储系统主要是将图像采集系统传输到监控中心的图像进行存储，以便实时和非实时对监控录像进行调用和查看，存储系统介质一般采用视频专用硬盘。此次方案可对监控的视频进行 24 小时全天候视频录像，录像资料可保存 15～30 天，在需要的时候，能够作为证据进行分析、调用。

6.6.6   显示系统

显示设备安装在高压集控室，主要由监视器、视频处理设备组成，实现对摄像机视频信号的图像再现。

6.7   二次设备布置

主机兼操作员工作站、信息申报与发布系统工作站、远动屏、安全自动装置、一体化电源系统均布置在集控室二次设备区内。线路保护、站用变保护布置于相应的开关柜。

6.8   即插即用设计

移动式储能电站建议推广采用全方位即插即用设计，在每个移动储能电池舱配置一个接口装置（简称 IED），对上接 EMS 的站控层网络，不同 IED 对不同的 IP 地址，接受 EMS 的充放电功率指令，对下和任一台移动储能电池舱进行通信，赋予的 IP 地址相同。在移动储能电池舱通过 IED 与调度系统连接后，由储能电站的 EMS 自动识别移动储能电池舱相关设备和状态信息，开展电网调度下发的调度控制；若移动储能电池舱断开 IED 连接，则系统定义不可用。移动储能电池舱进站后，无需停在特定位置，只需接入的电缆满足需求即可，满足了全省范围移动应用的需要。

移动式储能电站设置电气一次电缆即插即用、电气二次及通信光缆即插即用、消防系统网线即插即用 3 个类别。不同储能电站的接口型式完全统一，设备选用"即插即用"航空接插件，提高储能电站通用化水平。

第7章 储能系统

7.1 电池选型

储能电池选型应满足以下原则：

（1）便于实现多方式组合，满足系统要求的工作电压和工作电流。

（2）具有高安全性、可靠性，在极限情况下，即使发生故障也在受控范围，不应该发生爆炸、燃烧等危及电站安全运行的事故，可靠保障人身安全、设备安全，不发生全站停电。

（3）具有良好的快速响应和充放电能力，较高的充放电转换效率。

（4）易丁安装和维护，具有较好的环境适应性，较宽的工作温度范围。

（5）符合环境保护的要求，在电池生产、使用、回收过程中不产生对环境的破坏和污染。

7.2 其他要求

考虑到目前应用较多的标准化、典型设计的储能电池预制舱模式，建议储能电池预制舱（应急电源舱）内电池满足以下要求：

（1）每套 40 英尺预制舱电池的额定充电功率和额定放电功率均不低于标称功率 1.26MW，且在 10 年质保期内为可持续工作值。

（2）每套 40 英尺预制舱电池的初始充电能量和初始放电能量均不低于标称电量 2.2MWh，且在 10 年质保期内充电能量和放电能量保持率均不低于 70%，额定功率能量交换效率（交流侧）不低于 88%。

（3）须通过 GB/T 36276—2018《电力储能用锂离子电池》规定的电池单体和电池模块的安全性能测试。

（4）电池设备运行管理主要是通过 BMS 和远程运维平台密切监视电芯运行温度、电池剩余电量信息（SOC）、放电深度（DOD）等运行数据。当这些运行数据出现异常时，值班人员应根据运行策略，及时调整异常电芯的运行方式，或更换状态异常的电芯。

（5）电池单体电芯、电池箱（PACK）和 BMS 系统需经具备资质的检测机构检测通过，获得型式试验合格报告。

第8章 通信工程部分

8.1 设计原则

（1）系统通信是电力安全生产、稳定运行服务的重要保障，须满足输变电工程调度、运行维护和生产管理通信的要求。

（2）以通信规划为基础，综合考虑，优化设计，优先建设和完善通信传输干线网，并充分利用现有资源，降低工程投资。

（3）系统配置应力求技术先进、经济合理、灵活可靠、安全实用；设备配置应考虑通信网的现状以及电力通信网各种业务的流量和流向；以现有电力通信网为基础，充分利用现有的通信基础设施，降低工程投资，防止重复建设。

（4）系统采用符合国际标准的协议和接口，满足与电网现有通信网络互连要求，网络的可靠性和实时性必须满足电网调度等信息传送的要求。

（5）在缆路建设中要充分考虑今后的发展前景，在传输容量的配置上，适当超前。

（6）电路计算及系统指标应满足 DL/T 5404—2007《电力系统同步数字系列（SDH）光缆通信工程设计技术规定》的要求。

8.2 通信网络分析与接入

根据通信业务需求、调控需求，确定项目接入点和通信通道，配置通信光缆和光通信设备，设计光缆通信路由。原则上，并网运行的电化学储能电站通信业务应包含：2 路调度电话、2 路地调接入网、2 路省调接入网、1 路图像监控、1 路线路保护。

8.3 站内通信系统基本配置

站内一般配置 1 套光传输设备、1 套光电一体化设备、1 台 ODF 架（48 芯）、1 台音频配线架（100 回）、2 台数字配线架（16 系统）等，对侧配置 1 台 ODF 架（48 芯）。

第9章 土建工程部分

9.1 土建概述和站址基本条件

储能站根据场地条件，本着运行安全、出入畅通的原则进行布置。结合站址处周围环境条件，储能电池集装箱布置在配电装置楼西侧，集装箱长边横向布置，分两列。

海拔≤1000m，设计基本地震加速度 0.10g，场地类别按 II 类考虑；设计基准期为 50 年，设计风速 v_0≤30m/s，天然地基承载力特征值 f_{ak}=120kPa，假设场地为同一标高，无地下水影响。

9.2 总平面及竖向布置

9.2.1 站址征地

站址征地图应注明坐标及高程系统，应标注指北针，并提供测量控制点坐标及高程。在地形图上汇出储能电站围墙及进站道路的中心线、征地轮廓线及规划控制红线等。

9.2.2 总平面布置

（1）储能电站的总平面布置应根据生产工艺、运输、防火、防爆环境保护和施工等方面的要求，按最终规模对站区的建（构）构筑物、管线及通道进行统筹安排。

（2）储能电站内，电池预制舱与站内配电装置室、二次设备室（舱）、升压变压器、PCS 等建（构）筑物的防火间距应符合 GB 51048—2014

《电化学储能电站设计规范》的有关规定。

（3）电池预制舱之间的间距不应小于 3m，如两台预制舱并列放置间距小于 3m 时，其间应设置防火墙。

（4）场地处理。储能配电装置场地宜采用碎石地坪，不设检修小道，操作地坪按电气专业要求设置。雨水充沛的地区，可简易绿化，不应设置管网等绿化设施，控制绿化造价。

9.2.3　竖向布置

（1）一般地，站内地坪不应低于站外地坪；在设计站内地坪回填高度时，应在土方综合平衡的基础上，尽可能减少回填土采购量。

（2）设备基础顶面高程应超出 50 年洪水位。

（3）全站排水应顺畅。当排水速度不足以快速排除雨水时，应设置排水泵房。

（4）站内道路应与外部公共道路顺畅衔接。当衔接段有坡度时，其坡度不应大于 8°。

9.3　站内外道路

9.3.1　站内外道路平面布置

（1）站内外道路的型式。进站道路和站内道路宜采用公路型道路，湿陷性黄土地区、膨胀土地区宜采用城市型道路；路面可采用混凝土路面或沥青混凝土路面。采用公路型道路时，路面（路边缘）宜高于场地设计标高 150mm。

（2）站内道路宜采用环形道路。储能电站大门宜面向站内电气主设备运输道路。储能电站大门及道路的设置应满足电气设备、大型装配式预制件、预制舱二次组合设备等整体运输和重型消防车行车的要求。站内道路宽度为 4m，消防道路宽度为 4.5m、转弯半径不小于 9m；站内消防道路边缘距离建筑物（长/短边）外墙不宜小于 5m。道路外边缘距离围墙轴线距离为 1.5m。

9.3.2　进站道路

（1）进站道路按 GBJ 22—1987《厂矿道路设计规范》规定的四级厂矿道路设计，宜采用公路型混凝土道路，路面混凝土强度

$\geqslant$C25。

（2）进站道路最大限制纵坡应能满足大件设备运输车辆的爬坡要求。

9.3.3　站内道路

（1）站内道路宜采用公路型混凝土道路，道路混凝土强度$\geqslant$C25。

（2）站内道路纵坡不宜大于 6%，山区储能电站或受条件限制的地段可加大至 8%，但应考虑相应的大件运输措施。

9.4　建（构）筑物

储能电站设备均为集装箱，无新建建筑。工程使用年限为 25 年，设备集装箱按子系统配置，每个子系统配一个标准集装箱。设备以集装箱形式摆放。相邻储能电池舱（应急电源舱）之间设置一道防火墙，防火墙采用不小于 180mm 厚度的钢筋混凝土墙。

9.4.1　建（构）筑物设计荷载信息

基本风压值：0.45kN/m²；

基本雪压值：0.45kN/m²；

据 GB 18306《中国地震动参数区划图》，拟选站址地震动峰值加速度为 0.1g（g 为重力加速度），相应的地震基本烈度为 7 度。

9.4.2　主要建筑材料

混凝土等级如下：①素混凝土垫层：C20；②钢筋混凝土现浇构件：C30、C35。

水泥：采用 42.5～52.5 等级普通硅酸盐水泥。

钢筋：HPB300、HRB400。

焊条：焊接用焊条必须与所焊钢材等强度，Q235 采用 E43 系列，Q355 钢及 HRB400 钢采用 E50 系列。

钢材：Q235B、Q355B。

螺栓：4.8 级、6.8 级、8.8 级。

预埋件及其他钢结构构件采用热镀锌防腐。

9.5 采暖制冷及通风

9.5.1 采暖及制冷设计

根据工艺及 GB 50019—2015《工业建筑供暖通风与空气调节设计规范》要求，拟建的集装箱完成后宜达到的室内空气标准如下：

干球温度（夏季）：26～28℃；

相对湿度（夏季）：<65%；

干球温度（冬季）：26～28℃；

相对湿度（冬季）：<65%；

室内平均温度：18～20℃；

集装箱内设空调，为设备提供适宜的温湿度环境。

9.5.2 通风设计

（1）集装箱蓄电池室内设轴流风机供事故排风使用，风机要求使用防爆型。

（2）进风口采用防火风口。通风机均自带自垂式百叶，风机关闭时，百叶同时自动关闭。根据消防报警信号，切断风机电源，防止火灾扩大或蔓延。待火灾后，手动打开排风机进行事故后排烟。

（3）通风系统空气均不做循环，各个房间均为独立的通风系统。

（4）防火风口性能要求：当温度上升至 70℃时阀片自动关闭，手动复位；防风口可在 0～90°范围内无级调节阀门的开度；防火风口采用不燃材料制作，防火极限为 1.5h。

9.6 水工

（1）储能电站给水排水设计应符合 GB 50015—2019《建筑给水排水设计标准》的规定。给水水源包括市政给水管网、生活贮水池（箱）等，优先选用市政给水管网。生活用水水质应符合 GB 5749—2006《生活饮用水卫生标准》的规定。

（2）储能电站生活排水、雨水、生产废水等应采用分流制，生活排水、生产废水应处理达标符合相关排水标准后排放或内回用。

第10章 消 防 部 分

10.1 设计原则

（1）本工程的消防设计应遵循《中华人民共和国消防法》及国家有关方针政策，贯彻"预防为主，防消结合"的消防工作方针，消防设计要达到立足自防自救的目的，防止减少火灾危害，保障人身和财产安全。针对不同建（构）筑物和设施，采取多种有效且满足其要求的消防措施，采用先进合理、经济可靠的防火技术。在平面布置、工艺设计、材料选用等中要严格执行有关消防标准、规定和规范。

（2）基于同一时间内可能发生的火灾次数为一次来考虑。

（3）按规范要求配置相应的消防设施。

10.2 储能电站消防配置要求

建筑物火灾危险性分类及耐火等级严格按 GB 51048—2014《电化学储能电站设计规范》和 GB 50016—2014《建筑设计防火规范（2018 年版）》执行。

站场消防系统配置消防主站、舱内消防、舱外消防 3 部分。

主站消防配置消防值班室、消防主站、消防控制系统、远程消防监视系统等部分。舱内消防配置电池室消防和电气室消防。电池室消防包含：电池监测和保护（含在 BMS 内）、电池舱红外紫外监测、电池舱温感烟感监测、视频监视系统、火灾自动报警系统、七氟丙烷自动灭火系统、手提式灭火器、疏散通道、排烟装置、泄压装置应急照明、一键全停系统等。电气室消防包含：烟感监测、自动报警系统、视频监控系统、手提式灭火器等。舱外消防包含舱体安全距离设计、消防道路设计、防火防爆墙、避难区、消防栓灭火系统、手推车即手提式灭火器、消防沙箱、视频监视系统等。电池预制舱气体灭火系统气瓶和消防控制柜应与电池分室布置，且两个区域相邻。

储能电站线缆应使用 B 级阻燃电缆。

储能电站通过对外交通公路，消防车可到达场区，场区内建（构）筑物前均设有环形消防通道，道路可承载重型消防车通行，宽度不小于 4m，转弯半径不小于 9m；当场地空间不足，无法布置环形消防道路时，应设置消防车回转场地。

铅酸电池（铅炭电池）厂房、液流电池厂房火灾危险性类别为丁类，锂电池储能电站预制舱火灾危险性类别为乙类，耐火等级不应低于二级，储能电站内除电池厂房以外的配电建筑及辅助生产建筑火灾危险性类别及耐火等级应符 GB 50016—2014《建筑设计防火规范（2018 年版）》的相关规定，见表 10-1。

表 10-1　　　　　　　　　　　　　　　**建（构）筑物的火灾危险性分类及其耐火等级**

序号	建构筑物名称		火灾危险级别	最大耐火等级
1	主控通信楼		戊	二级
2	继电器室		戊	二级
3	屋内、外配电装置	每台设备充油量 60kg 以上	丙	二级
		每台设备充油量 60kg 以下	丁	二级
		无含油电气设备	戊	二级
4	屋内、外液流、锂电池		戊	二级
5	屋内、外钠硫电池		甲	一级

注：①除本表规定的建、构筑物外，其他建、构筑物的火灾危险性及耐火等级应符合现行的 GB 50016—2014《建筑设计防火规范（2018 年版）》的有关规定。
②当主控通信楼、继电器室不采取防止电缆着火后延燃的措施时，火灾危险性应为丙类。
③当不同使用用途的部分布置在一幢建筑物或联合建筑物内时，则其建筑物的火灾危险性分类及其耐火等级除另有防火隔离措施外，应按火灾危险性类别高者选用。

10.3　电池安全技术要求

（1）磷酸铁锂电池选型应符合下列要求：

1）磷酸铁锂电池单体、模块、簇，其安全性能应符合 GB/T 36276—2018《电力储能用锂离子电池》，并提供相应检测报告。

2）单体电池的壳体应采用阻燃材料，具备防爆功能，阻燃等级不低于 V0。

3）电池箱宜采用模块化设计，宜选择 12V、24V、36V、48V、72V 系列。

4）如采用软体磷酸铁锂储能电池，设备厂家应提供经实体火灾模拟试验验证有效的灭火技术方案。

（2）电池箱端子极性标识应正确、清晰，正极标志为红色"⊕"，负极标志为黑色"⊖"具备结构性防反接功能，防止电池模块成簇接线时出现人为短路。

（3）电池箱、电池簇结构应符合以下要求：

1）电池箱成组设计时应考虑在触电、短路或紧急情况下迅速断开回路，进行事故隔离，保证人身安全。

2）电池箱、簇外壳设计，应与固定自动灭火系统相关技术要求匹配，保留部分非密封面，便于实施灭火。

（4）电池簇并联时，应采取措施实时监测和控制簇间环流。

10.4 电池管理系统安全技术要求

（1）电池管理系统（BMS）应符合现行 GB/T 34131—2017《电化学储能电站用锂离子电池管理系统技术规范》的规定，并增加可燃气体检测功能。

（2）电池管理系统（BMS）应具有保护功能，具备电池过压保护、欠压保护、过流保护、短路保护、绝缘保护等电量保护功能，具备过温保护、气体保护等非电量保护功能，并能发出分级告警信号或跳闸命令，实现故障隔离。

（3）每个电池箱的温度采集点数不少于 4 个，且每个串联节点至少设置 1 个温度采集点。在条件允许时按电池单体电芯级进行温度采集布点。电池管理系统应具备温升速率、温限监测、记录和告警功能。

10.5 电池预制舱安全技术要求

（1）电池预制舱设计应满足防火和防爆要求：

1）电池预制舱内应采用保温、铺地、装饰材料时，其燃烧性能应达到 GB 8624—2012《建筑材料及制品燃烧性能分级》规定的 A 级。门应采用 A 级防火门。

2）电池预制舱隔墙上有管线穿过时，管线四周空隙应采用防火封堵材料封堵；防火封堵材料应满足 GB 23864—2009《防火封堵材料》的要求。

（2）电池预制舱防爆应符合以下要求：

1）舱内应设置至少 2 套防爆型通风装置。排风口至少上下各 1 处，每分钟总排风量不小于预制舱容积，严禁产生气流短路。通风装置应可靠接地。通风系统材料应采用不燃材料。气体灭火系统防护区泄压口可设置在舱体侧面。

2）设置防爆照明灯具和防爆开关。

3）宜将电池预制舱顶设为防爆泄压口。

（3）每个电池预制舱应设置 1 套火灾自动报警系统，配置 H_2/CO 可燃气体探测器、感温、感烟、火焰探测等监测装置，每种装置不少于 2 个。

（4）可燃气体探测器宜选用防爆隔爆型，具有硬接点、RS485 等至少 2 路通信窗口。每个可燃气体探测器一路信号传输给 BMS，进行判断，发出告警、跳闸，启动风机和预制舱外警示灯，并上送至监控系统；另一路信号传输给火灾报警控制器，用于启动灭火系统。

10.6　电气消防安全技术要求

消防电源：消防用电应按一级负荷供电，消防应急电源可由各舱体内的 UPS 供给。

事故照明：在安全通道、集装箱出入口等处设置灯光显示的疏散指示标志。

10.7　火灾报警及控制系统技术要求

根据 GB 50116—2013《火灾自动报警系统设计规范》的有关要求进行火灾自动报警及联动控制系统设计。

在电气一次设备室、电气二次舱各设置 1 套经消防部门认证的火灾自动报警系统，火灾自动报警系统设备包括火灾报警控制器、探测器、控制模块、信号模块、手动报警按钮等。应急电源舱/车，配置独立的气体灭火主机，气体灭火主机将消防信号通过 RS 485 通信方式传输到应急电源舱/车内的就地监控系统。就地监控系统通过光纤网络将消防信号上送到应急电源基地监控系统。火灾报警控制器上设有被控设备的运行状态指示和手动操作按钮。根据 GB 50116—2013《火灾自动报警系统设计规范》第 10.1 条要求，火灾报警控制器电源需设置备用电源。

探测器选用感烟、感温探测器，设置手动报警按钮和声光报警器。探测器或手动报警按钮动作时，火灾报警控制器发出声光报警信号并显示报警点的地址，并打印报警时间和报警点的地址等相关信息。火灾报警控制器正常工作电源为交流 220V，除电气二次舱、工具舱、一次汇流舱、升/降压变压器舱的消防设备备用电由一体化电源中的 UPS 供给，储能舱的消防设备由本舱 UPS 或舱外设备电源供给。

10.8　消防给水系统技术要求

全站设置独立的消防给水系统，消防用水可由市政给水管网、消防水池或天然水源供给，优先采用市政给水管网，当站区符合 GB 50974—2014《消防给水及消火栓系统技术规范》的 4.3.1，则在站区设置消防水池、消防泵房等。

根据 GB 51048—2014《电化学储能电站设计规范》，储能电站消防给水系统设计中同一时间内的火灾次数按一次设计，消防给水量按火灾时最大一次室内和室外消防用水量之和计算。当站区设置消防水池，消防水池有效容积应满足火灾时最大一次用水量中由消防水池供给的容量。

10.8.1　室内、室外消火栓给水系统

建筑物按建筑体积、火灾危险性分类及耐火等级确定是否设置建筑消防给水及室内、室外消火栓系统。

储能电站电池区域设置移动式冷却水设施，移动式冷却宜为室外消火栓或消防炮。

10.8.2　固定式自动灭火系统

电池区域应设置固定式自动灭火系统，所选用灭火系统类型、技术参数应经模块级磷酸铁锂电池火灾模拟试验验证。

10.9　灭火救援设施技术要求

应急疏散通道设置应执行建筑防火设计规范的有关规定。储能电站中建筑物灭火器配置应符合 GB 50140—2005《建筑灭火器配置设计规范》的有关规定，储能电站内配置正压式空气呼吸器，不少于 2 套。正压式空气呼吸器应放置在专用设备柜内，定期检查，确保完

好可用。

10.10   运行消防设计

储能电站建成投产后，火灾危险性主要来自蓄电池和变压器及其他易燃物。为降低发生危害的风险，在设计中应采取以下措施：

（1）各集装箱的最小间距，不得小于 GB 50229—2019《火力发电厂与变电站设计防火标准》和 GB 50016—2014《建筑设计防火规范（2018 年版）》的规定，保持安全防火距离。

（2）对于危险品、易燃易爆品要限量储存，不能超限储存，更不能与其他物品混合储存，要求存放在专用仓库内。

（3）集装箱及箱内各设备的设计，严格按照国家现行的消防设计规范执行，做好消防设计。在设计中做好防火、防爆等安全措施。

（4）各电池舱内应配置 2 套以上正压式呼吸器。

（5）场区内周围设消防通道，其配置应满足 GB 50016—2014《建筑设计防火规范（2018 年版）》的要求。

（6）舱内、站场内均应设立标识明显的消防疏散引导系统和避难区。运行中应确保疏散通道畅通，避难区无杂物堆放。

第 11 章　环境保护及安全生产

11.1　环境保护和水土保持设计

11.1.1　控制噪声

在设备选型上对其噪声值进行严格控制。各通风制冷设备均选用低噪声型风机，保证正常运行时舱体外 1m 内噪声在 65dB 以下，并由第三方提供预制舱噪声检测报告。对于 PCS 等大功率电力电子设备产生的低频噪声宜采取降噪措施。

11.1.2　污染物排放

污染物排放包括废水排放和固体废物排放。

施工期内废水主要是施工污水和施工人员产生的生活污水。施工污水要按有关设计有序排放；因本项目在变电站内，生活污水组织同站内。

施工期固体废物主要为建筑垃圾及生活垃圾，要求谁产生谁清运处置，避免刮风使固体废弃物飞扬，污染附近环境。

11.1.3　无害化处理

按照国务院办公厅印发的《生产者责任延伸制度推行方案》，工信部、商务部和科技部联合发布的《关于加快推进再生资源产业发展的指导意见》，明确"电池回收利用主体责任"问题，电池制造厂负主要责任。电池因故障、事故或寿命期已到而引起的全部或部分设备组件无法使用时，电池制造厂应无偿并及时进行回收，并向提供对其所回收的设备或设备组件进行无害化处理的保证。

11.1.4　水土保持

尽可能原土利用。在必要的余土外运和土壤置换时，必须做到集中处理、固土处理和耕植土重复利用。严格控制开挖面范围，施工前开展降水和外部水流冲击的预测，根据预测结果排水和采取过滤措施，做好水土保持。

11.2　节能减排措施

能耗主要包括建筑能耗和电气耗能，建筑能耗主要是电站集装箱内的恒温恒湿、通风的能源消耗；电气能耗主要在于电站内电缆、电气设备的损耗及站用电的消耗。

11.2.1　优化设计方案

通过优化设计方案以达到节能降耗的目的，主要措施包括：

（1）为减少因集装箱气密性差引起的热量损失，控制集装箱箱门气密性不低于 4 级；

（2）为减少集装箱内外热量传递，集装箱内壁可加装新型保温材料，增强集装箱的隔热性；

（3）在集装箱内配置温度/湿度监测设备，确保箱内温/湿度保持在设计范围以内；

（4）优化电气设备和材料选型。

在考虑安全、施工、维护方便的基础上注意节能和节约用材，对可选材料首先选用环保、制造能耗低的材料。电气设备尽可能就近布置，节省电力电缆和控制电缆用量。

11.2.2　降低变压器损耗

储能电站的升压变压器无论运行在满载还是欠载状态，每组变压器均需消耗空载损耗电能，因而变压器选型时需采用节能型低损耗变压器。在投入运行后，合理调度变压器运行方式，降低负载损耗和空载损耗。

11.2.3 降低站用电各类负荷的耗能指标

用电量较大的经常性负荷主要有各储能单元集装箱内的空调、通风用电和站内照明用电。

采用变频节能型空调。综合考虑室内环境温度控制和因环境温度变化引起相对湿度变化对设备的影响，合理配置采暖、制冷和通风容量。站内配置智能电控设备，根据现场室内环境温度/湿度自动控制空调和通风设备的投切，从而降低能耗并延长设备的使用寿命和维护周期。

室内外照明设计尽量利用自然采光，并选用 LED 节能照明灯具。尽量做到小范围的开灯控制方式，根据工作对照明的需求及不同电光源的特点，选择合理的照明方式，选用光效高、显色性好的光源及配光合理、安全高效的灯具。工作场所的照度标准值应符合 GB 50034—2013《建筑照明设计标准》等有关标准。

在投入运行后，应加强对职工的节能宣传、教育和培训力度，并制订节能考核方法和监督检查机制，确保节能降耗措施和能效指标得以落实。

11.3 劳动安全

为适应我国新能源事业建设发展的需要，为安全生产和文明生产创造条件，在新能源项目设计中必须贯彻国家颁布的有关劳动安全和工业卫生法令、政策，提高劳动安全和工业卫生的设计水平。在设计中，应贯彻"安全生产、预防为主"的方针，加强劳动保护，改善劳动条件，减少事故和人身伤害的发生。

储能电源在施工过程中，主要有电击、机械损伤、烫伤、噪声、坠落物体打击、基坑坍塌、高温、寒冷等危害。为保证工作人员健康和安全生产的需要，在施工中应明确事故责任人，做好各种施工防护措施，严格执行施工安全技术要求。为避免以上事故发生，建议采取以下措施：

（1）项目业主应选择有丰富电站建设经验的专业施工队伍进行施工，定期进行工程检查，及时排除工程建设过程中的安全隐患。

（2）工程承包商应制定详细的安全生产管理条例，对工作人员进行安全生产教育。

（3）应设置适当数量的安全检查员，对工作人员是否严格执行安全生产管理条例和可能出现的异常情况进行检查和处理。

（4）为保证工作人员身体健康，夏季施工应做好防暑降温工作，冬季施工应采取必要的防寒措施。

（5）工作人员应严格执行安全生产管理条例，发现有安全隐患问题时，要及时进行解决。

（6）监理单位应随时检查施工单位是否按照设计要求进行施工，是否采用安全防范措施，并对工程中出现的问题进行及时纠正。

11.3.1　主要危险、有害因素分析

1.　施工期危害因素分析

在施工过程中，最可能发生安全事故的有空中作业、运输吊装作业、用电作业三个工种，下面对这三个工种存在的危害因素分别进行确认。

（1）空中作业存在的潜在危害因素有：保护措施不当、大风作业、器械脱落等。

（2）运输吊装作业存在的潜在危害因素有：无证操作、吊绳断股、起重超载、支腿不平衡、起吊弧度过大、交叉作业、吊钩断裂、吊钩未挂牢、操作失误、限位保护器失灵、指挥不当、大风起吊等。

（3）用电作业存在的潜在危害因素有：无漏电保护、无证操作、设备漏电、电弧光、电焊作业未戴防护用品、一闸多机、线路破损、未采取防护措施、线路绝缘破损、设备供电不符、雷雨天放电等。

2.　运行期危害

建成投产后，运行期的主要危害因素体现在：主要电气设备使用不当或设备质量问题引起的火灾、爆炸、电击、机械损伤等；高压设备区域存在雷击、噪声、振动等危害；操作、检修人员在带电作业时易遭电击等危害。

11.3.2　职业安全因素

1.　防人身事故安全措施

储能电站设备布置中应预留安装、检修、巡视等作业的合理空间。门禁系统在自动灭火系统启动至火灾扑灭后 24h 内，应锁定防手动开启门禁的功能。

2.　防触电事故安全措施

为能满足运行中人身和设备的安全要求，设计中应满足各种电气设备的安全净距。开关设备外壳均可靠接地。为了确保安全运行，

高压电气设备都应安装完善的防误操作闭锁装置，防误闭锁装置不得随意退出运行，且需满足电力安全管理"五防"要求。

3. 防有毒有害物质危害安全措施

在储能电站事故处理后，应及时对现场空气、排水和土壤进行采样检测，并根据采样检测结果采取相应无害化处理措施。

4. 防噪声措施

采用低噪声的空调机、排风机。

第3篇 电化学储能电站典型设计方案及实例

第12章 固定式储能电站典型设计方案及实例

12.1 方案 10-A-10 设计

本方案适用于 10MW/20MWh 固定式磷酸铁锂电池电化学储能电站、10kV 系统接入的项目。

本方案主要技术条件见表 12-1，电气主接线图如图 12-1 所示（见文后插页），总平面布置如图 12-2 所示。

表 12-1 方案 10-A-10 主要技术条件

序号	项目		技 术 条 件
1	设计容量		10MW/20MWh
2	储能单元	储能单元	由 1 个 1MW/2MWh 应急电源舱和 1 个 10kV 升/降压变压器舱组成
3	储能升压单元	PCS 型式	500kW，20 台
		升压变压器型式	SCB13-630kVA/10kV/0.4kV，干式变压器，20 台

序号	项目		技　术　条　件
4	汇流母线	10kV 电气主接线，远期/本期	均为单母线/单母线
5	站用变压器		变压器选用 10.5±2×2.5%/0.38kV，联结组别为 D，yn11，U_d=4.5%，干式变压器，户外箱式安装，10kV 侧引接至集控单元集装箱所用变压器开关柜
6	布置形式	一次设备布置	综合考虑安全、施工、运行及维护建设用地等因素，结合电池组布置的方案，采用户外集装箱布置储能系统。设 10 个应急电源舱、10 个 10kV 升/降压变压器舱和 2 个 10kV 电气一次汇流舱。单元之间设运输、安装通道，每个集装箱内单独设空调进行温度控制。每个单元均采用 40 英尺标准集装箱（高型），尺寸为 12.2m（L）×2.4m（W）×2.9m（H）
		二次设备布置	信息申报与发布系统工作站、远动屏、安全自动装置、一体化电源系统均布置在集控室二次设备区内。线路保护、站用变压器保护布置于相应的开关柜
		总平面布置	总平面布置采用集装箱功能单元方案，模块化设计，双列布置 10 个储能单元、2 个 10kV 电气一次汇流舱和一个电气二次舱。相邻应急电源舱之间设置一道防火墙，防火墙采用 180mm 厚钢筋混凝土墙
7	土建部分		根据电气设计方案、功能使用说明对储能站的土建具体要求，站区土建内容包括：①平整电站区块场地；②新建设备基础、防火墙、道路、电缆沟；③消防给水系统、雨水排水系统；④消防沙箱一座；⑤围墙、大门、移动储能停车场地；⑥独立避雷针 站内道路采用城市型道路，沥青路面，道路宽度 4.0m。空余场地铺满 300mm 厚黄土，上铺马尼拉草皮。全站总面积为 850m²

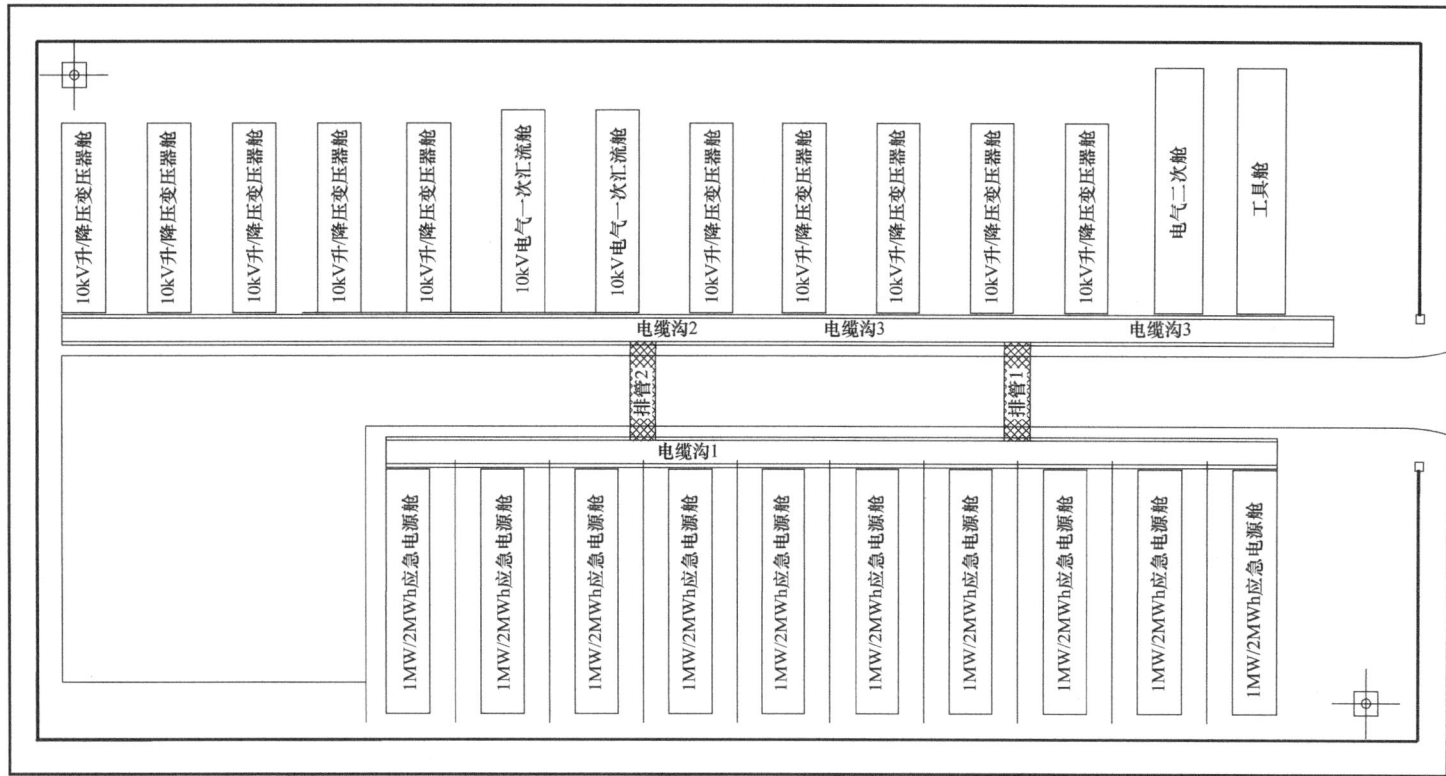

图 12-2 方案 10-A-10 总平面图

12.2 方案 10-A-35 设计

本方案适用于 10MW/20MWh 固定式磷酸铁锂电池电化学储能电站、35kV 系统接入的项目。

本方案主要技术条件见表 12-2，电气主接线图如图 12-3 所示（见文后插页），总平面布置如图 12-4 所示。

表 12-2 方案 10-A-35 主要技术条件

序号	项目		技 术 条 件
1	设计容量		10MW/20MWh
2	储能单元	储能单元	由 1 个 1MW/2MWh 应急电源舱和 1 个 10kV 升/降压变压器舱组成
3	储能升压单元	PCS 型式	500kW，20 台
		升压变压器型式	SCB13-630kVA/10kV/0.4kV，干式变压器，20 台；SCB13-12500kVA/35kV/10kV，干式变压器，1 台
4	汇流母线	35、10kV 电气主接线，远期/本期	均为单母线/单母线
5	站用变压器		变压器选用 $10.5\pm2\times2.5\%/0.38kV$，联结组别为 D，yn11，$U_d=4.5\%$，干式变压器，户外箱式安装，10kV 侧引接至集控单元集装箱所用变开关柜
6	布置形式	一次设备布置	综合考虑安全、施工、运行及维护建设用地等因素，结合电池组布置的方案，采用户外集装箱布置储能系统。设 10 个应急电源舱、10 个 10kV 升/降压变压器舱、2 个 10kV 电气一次汇流舱和 1 个 35kV 变压器舱，单元之间设运输、安装通道，每个集装箱内单独设空调进行温度控制。每个单元均采用 40 英尺标准集装箱（高型），尺寸为 12.2m（L）×2.4m（W）×2.9m（H）
		二次设备布置	信息申报与发布系统工作站、远动屏、安全自动装置、一体化电源系统均布置在集控室二次设备区内。线路保护、站用变保护布置于相应的开关柜
		总平面布置	总平面布置采用集装箱功能单元方案，模块化设计，双列布置 10 个储能单元、2 个 10kV 电气一次汇流舱、1 个 35kV 变压器舱和 1 个电气二次舱。相邻应急电源舱之间设置一道防火墙，防火墙采用 180mm 厚钢筋混凝土墙
7	土建部分		根据电气设计方案、功能使用说明对储能电站的土建具体要求，站区土建内容包括：①平整电站区块场地；②新建设备基础、防火墙、道路、电缆沟；③消防给水系统、雨水排水系统；④消防沙箱一座；⑤围墙、大门、移动储能车停车场地；⑥独立避雷针 站内道路采用城市型道路，沥青路面，道路宽度 4.0m。空余场地铺满 300mm 厚黄土，上铺马尼拉草皮。 全站总面积为 850m²

10kV升/降压变压器舱　10kV升/降压变压器舱　10kV升/降压变压器舱　10kV升/降压变压器舱　10kV升/降压变压器舱　10kV电气一次汇流舱　10kV电气一次汇流舱　10kV升/降压变压器舱　10kV升/降压变压器舱　10kV升/降压变压器舱　10kV升/降压变压器舱　10kV升/降压变压器舱　电气二次舱　工具舱

电缆沟2　电缆沟3　电缆沟3

排真2　排真1

电缆沟1

1MW/2MWh应急电源舱　1MW/2MWh应急电源舱　1MW/2MWh应急电源舱　1MW/2MWh应急电源舱　1MW/2MWh应急电源舱　1MW/2MWh应急电源舱　1MW/2MWh应急电源舱　1MW/2MWh应急电源舱　1MW/2MWh应急电源舱　1MW/2MWh应急电源舱

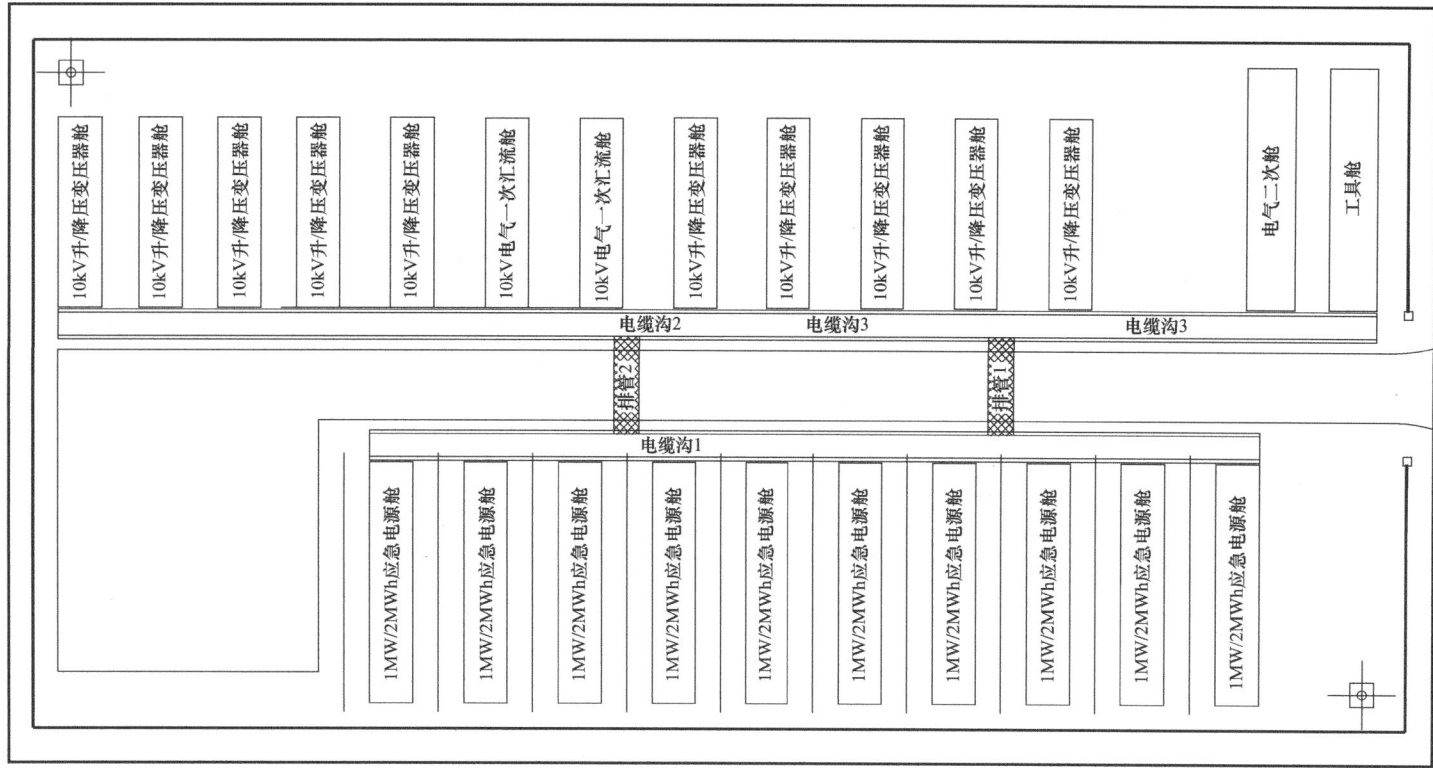

图 12-4　方案 10-A-35 总平面图

12.3　方案 20-A-35 设计

本方案适用于 20MW/40MWh 固定式磷酸铁锂电池电化学储能电站、35kV 系统接入的项目。

本方案主要技术条件见表 12-3，电气主接线如图 12-5 所示（见文后插页），总平面布置如图 12-6 所示（见文后插页）。

表 12-3　　　　　　　　　　　　　　　　　方案 20-A-35 主要技术条件

序号	项目		技 术 条 件
1	设计容量		20MW/40MWh
2	储能单元	储能单元	由 1 个 1MW/2MWh 应急电源舱和 1 个 10kV 升/降压变压器舱组成
3	储能升压单元	PCS 型式	500kW，40 台
		升压变压器型式	SCB13-630kVA/10kV/0.4kV，干式变压器 40 台；SCB13-25000kVA/35kV/10kV，干式变压器，1 台
4	汇流母线	35、10kV 电气主接线，远期/本期	均为单母线/单母线
5	站用变压器		变压器选用 10.5±2×2.5%/0.4kV，联结组别为 D，yn11，U_d=4%，干式变压器，站用变压器就地布置于 10kV 电气一次汇流舱中，10kV 侧引接至 10kV 电气一次汇流舱站用变压器开关柜
6	布置形式	一次设备布置	综合考虑安全、施工、运行及维护建用地等因素，结合电池组布置的方案，采用户外集装箱布置储能系统。设 20 个应急电源舱、20 个 10kV 升/降压变压器舱、3 个 10kV 电气一次汇流舱和 1 个 35kV 变压器舱。储能单元之间设运输、安装通道，每个集装箱内单独设空调进行温度控制。每个单元均采用 40 尺标准集装箱（高型），尺寸为 12.2m（L）×2.4m（W）×2.9m（H）
		二次设备布置	信息申报与发布系统工作站、远动屏、安全自动装置、一体化电源系统均布置在电气二次舱内。线路保护、站用变压器保护布置于相应的开关柜，10kV 母线保护柜就地布置于电气一次汇流舱中
		总平面布置	总平面布置采用集装箱功能单元方案，模块化设计，布置 20 个储能单元、3 个 10kV 电气一次汇流舱、1 个 35kV 变压器舱和 1 个电气二次舱。每个应急电源舱之间设置一道防火墙，防火墙采用 180mm 厚钢筋混凝土墙
7	土建部分		根据电气设计方案、功能使用说明对储能电站的土建具体要求，站区土建内容包括：①平整电站区块场地；②新建设备基础、防火墙、道路、电缆沟；③消防给水系统，雨水排水系统；④消防沙箱一座；⑤围墙、大门、移动储能车停车场地；⑦独立避雷针。道内道路采用城市型道路，沥青路面，道路宽度 4m。空余场地铺满 300mm 厚黄土，上铺马尼拉草皮。全站总面积 7200m²

第13章 移动式储能电站典型设计方案及实例

13.1 方案10-B-10设计

本方案适用于 10MW/20MWh 移动式磷酸铁锂电池电化学储能电站、10kV 系统接入的项目。

本方案主要技术条件见表 13-1，电气主接线如图 13-1 所示（见文后插页），总平面布置如图 13-2 所示。

表 13-1 方案 10-B-10 主要技术条件

序号	项目		技 术 条 件
1	设计容量		10MW/20MWh
2	储能单元		储能单元有 3 种形式，容量均为 1MW/2MWh。形式分别为： 1）Ⅰ型储能单元：由 1 台 10kV 升/降压变压器舱、4 辆 0.25MW/0.5MWh 移动储能车组成。每个变压器舱含 2 台 10kV 630kVA 升/降压变压器，每辆 0.25MW/0.5MWh 应急电源车含 1 台 250kW 隔离变压器、1 台 250kW 储能变流器（PCS）、1 套电池管理系统（BMS）、1 套 0.25MW/0.5MWh 磷酸铁锂电池组成； 2）Ⅱ型储能单元：由 1 台 10kV 升/降压变压器舱和 2 个 0.5MW/1MWh 应急电源舱组成。每个变压器舱含 2 台 10kV 630kVA 升/降压变压器，每个 0.5MW/1MWh 应急电源舱含 1 台 500kW 隔离变压器、1 台 500kW 储能变流器（PCS）、1 套电池管理系统（BMS）、1 套 0.5MW/1MWh 磷酸铁锂储能电池组成； 3）Ⅲ型储能单元：由 1 台 10kV 升/降压变压器舱和 1 个 1MW/2MWh 应急电源舱组成。每个变压器舱含 2 台 630kVA 升/降压变压器，每个 1MW/2MWh 应急电源舱含 2 台 500kW 隔离变压器、2 台 500kW 储能变流器（PCS）、2 套电池管理系统（BMS）、1 套 1MW/2MWh 磷酸铁锂储能电池组成
3	储能升压单元	PCS 型式	500kW，18 台；250kW，4 台

续表

序号	项目		技 术 条 件
3	储能升压单元	升压变压器型式	SCB13-630kVA/10kV/0.4kV，干式变压器，20 台
4	汇流母线	10kV 电气主接线，远期/本期	均为单母线/单母线
5	站用变压器		变压器选用 10.5±2×2.5%/0.4kV，联结组别为 D，yn11，U_d=4%，干式变压器，站用变压器就地布置于 10kV 电气一次汇流舱中，10kV 侧引接至 10kV 电气一次汇流舱站用变压器开关柜
6	布置形式	一次设备布置	综合考虑安全、施工、运行及维护建设用地等因素，结合电池组布置的方案，采用户外集装箱布置储能系统。本工程共有 1 个Ⅰ型（车载）储能单元、2 个Ⅱ型储能单元、8 个Ⅲ型储能单元。1MW 储能单元采用 45 英尺集装箱，尺寸为 13.72m（L）×2.55m（W）×2.9m（H）；0.5MW 储能单元采用 30 英尺集装箱，尺寸为 9.13m（L）×2.55m（W）×2.9m（H）；0.25MW 车载储能单元尺寸为 10.34m（L）×2.54m（W）×3.83m（H）
		二次设备布置	信息申报与发布系统工作站、远动屏、安全自动装置、一体化电源系统均布置在电气二次舱内。线路保护、站用变压器保护布置于相应的开关柜，10kV 母线保护柜就地布置于电气一次汇流舱中
		总平面布置	总平面布置采用集装箱功能单元方案，模块化设计，布置 10 个储能单元、2 个 10kV 电气一次汇流舱和 1 个电气二次舱。相邻应急电源舱之间设置一道防火墙，防火墙采用 180mm 厚钢筋混凝土墙
7	土建部分		根据电气设计方案、功能使用说明对储能电站的土建具体要求，站区土建内容包括：①平整电站区块场地；②新建设备基础、防火墙、道路、电缆沟；③消防给水系统，雨水排水系统；④消防沙箱一座；⑤围墙、大门、移动储能车停车场地；⑥独立避雷针。 站内道路采用城市型道路，沥青路面，道路宽度 4.0m。空余场地满铺 300mm 厚黄土，上铺马尼拉草皮。 全站总面积 5440m²

13.2　方案 10-B-35 设计

本方案适用于 10MW/20MWh 移动式磷酸铁锂电池电化学储能电站、35kV 系统接入的项目。

本方案主要技术条件见表 13-2，电气主接线如图 13-3 所示（见文后插页），总平面布置如图 13-4 所示。

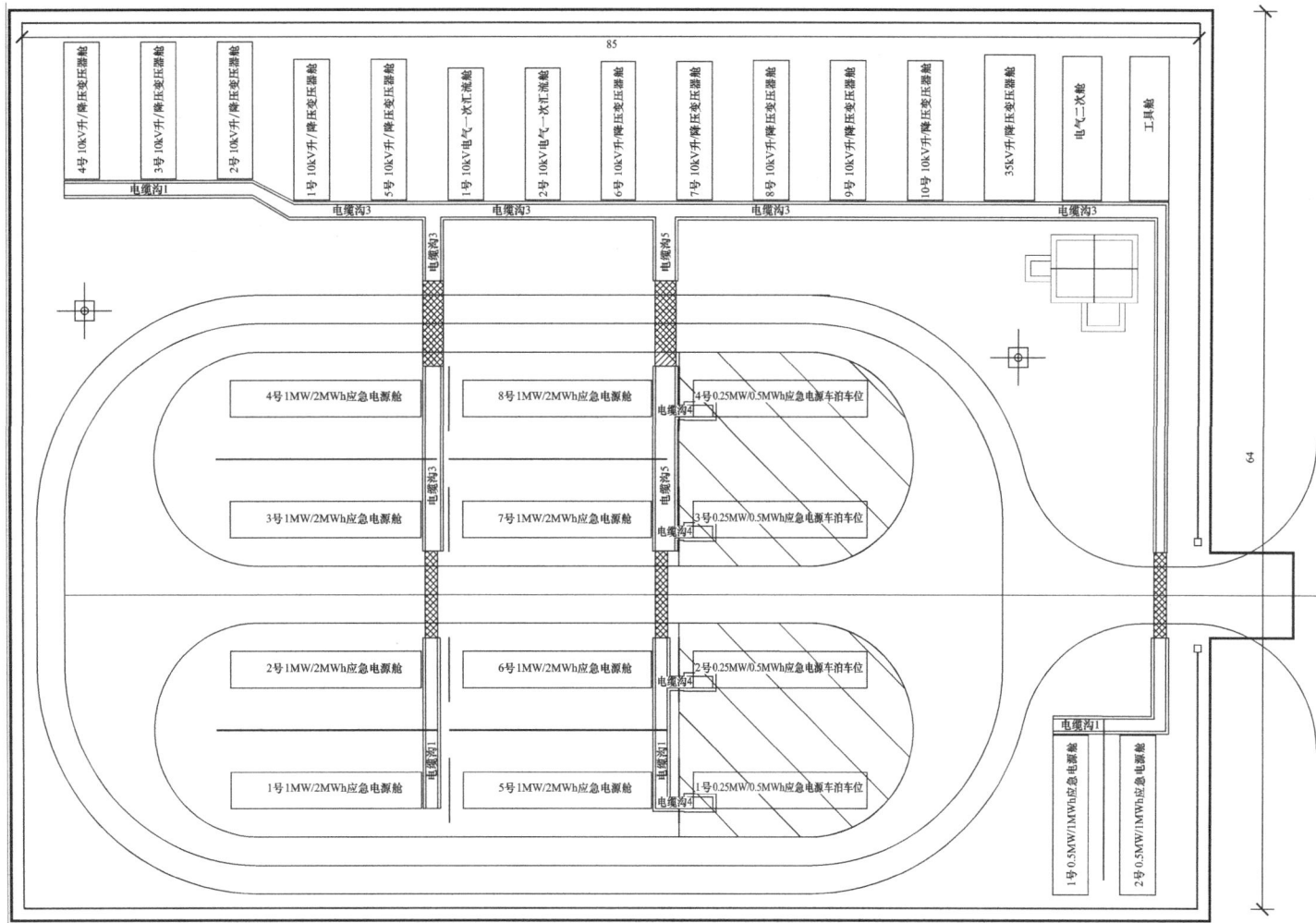

图 13-2 方案 10-B-10 总平面图

表 13-2 　　　　　　　　　　　　　　　　　　　　　　　　　方案 10-B-35 主要技术条件

序号	项目		技 术 条 件
1	设计容量		10MW/20MWh
2	储能单元		储能单元有 3 种形式，容量均为 1MW/2MWh。形式分别为： 1）Ⅰ型储能单元：由 1 台 10kV 升/降压变压器舱、4 辆 0.25MW/0.5MWh 移动储能车组成。每个变压器舱含 2 台 10kV 630kVA 升/降压变压器，每辆 0.25MW/0.5MWh 应急电源车含 1 台 250kW 隔离变压器、1 台 250kW 储能变流器（PCS）、1 套电池管理系统（BMS）、1 套 0.25MW/0.5MWh 磷酸铁锂电池组成； 2）Ⅱ型储能单元：由 1 台 10kV 升/降压变压器舱和 2 个 0.5MW/1MWh 应急电源舱组成。每个变压器舱含 2 台 10kV 630kVA 升/降压变压器，每个 0.5MW/1MWh 应急电源舱含 1 台 500kW 隔离变压器、1 台 500kW 储能变流器（PCS）、1 套电池管理系统（BMS）、1 套 0.5MW/1MWh 磷酸铁锂储能电池组成； 3）Ⅲ型储能单元：由 1 台 10kV 升/降压变压器舱和 1 个 1MW/2MWh 应急电源舱组成。每个变压器舱含 2 台 630kVA 升/降压变压器，每个 1MW/2MWh 应急电源舱含 2 台 500kW 隔离变压器、2 台 500kW 储能变流器（PCS）、2 套电池管理系统（BMS）、1 套 1MW/2MWh 磷酸铁锂储能电池组成
3	储能升压单元	PCS 型式	500kW，18 台；250kW，4 台
		升压变型式	SCB13-630kVA，10kV/0.4kV，干式变压器，20 台；SCB13-12500kVA/35kV/10kV，干式变压器，1 台
4	汇流母线	35、10kV 电气主接线，远期/本期	均为单母线/单母线
5	站用变压器		变压器选用 10.5±2×2.5%/0.4kV，联结组别为 D，yn11，U_d=4%，干式变压器，站用变压器就地布置于 10kV 电气一次汇流舱内，10kV 侧引接至 10kV 电气一次汇流舱站用变压器开关柜
6	布置形式	一次设备布置	综合考虑安全、施工、运行及维护建设用地等因素，结合电池组布置的方案，采用户外集装箱布置储能系统。本工程共有 1 个Ⅰ型（车载）储能单元、1 个Ⅱ型储能单元、8 个Ⅲ型储能单元，以及 2 个 10kV 电气一次汇流舱、1 个 35kV 变压器舱。1MW 储能单元采用 45 英尺集装箱，尺寸为 13.72m（L）×2.55m（W）×2.9m（H）；0.5MW 储能单元采用 30 英尺集装箱，尺寸为 9.13m（L）×2.55m（W）×2.9m（H）；0.25MW 车载储能单元尺寸为 10.34m（L）×2.54m（W）×3.83m（H）
		二次设备布置	信息申报与发布系统工作站、远动屏、安全自动装置、一体化电源系统均布置在电气二次舱内。线路保护、站用变保护布置于相应的开关柜，10kV 母线保护柜就地布置于电气一次汇流舱中
		总平面布置	总平面布置采用集装箱功能单元方案，模块化设计，布置 10 个储能单元、2 个 10kV 电气一次汇流舱、1 个 35kV 变压器舱和 1 个电气二次舱组成。相邻应急电源舱之间设置一道防火墙，防火墙采用 180mm 厚钢筋混凝土墙
7	土建部分		根据电气设计方案、功能使用说明对储能电站的土建具体要求，站区土建内容包括：①平整电站区块场地；②新建设备基础、防火墙、道路、电缆沟；③消防给水系统，雨水排水系统；④消防沙箱一座；⑤围墙、大门、移动储能车停车场地；⑥独立避雷针。 站内道路采用城市型道路，沥青路面，道路宽度 4.0m。空余场地满铺 300mm 厚黄土，上铺马尼拉草皮。 全站总面积 5440m²

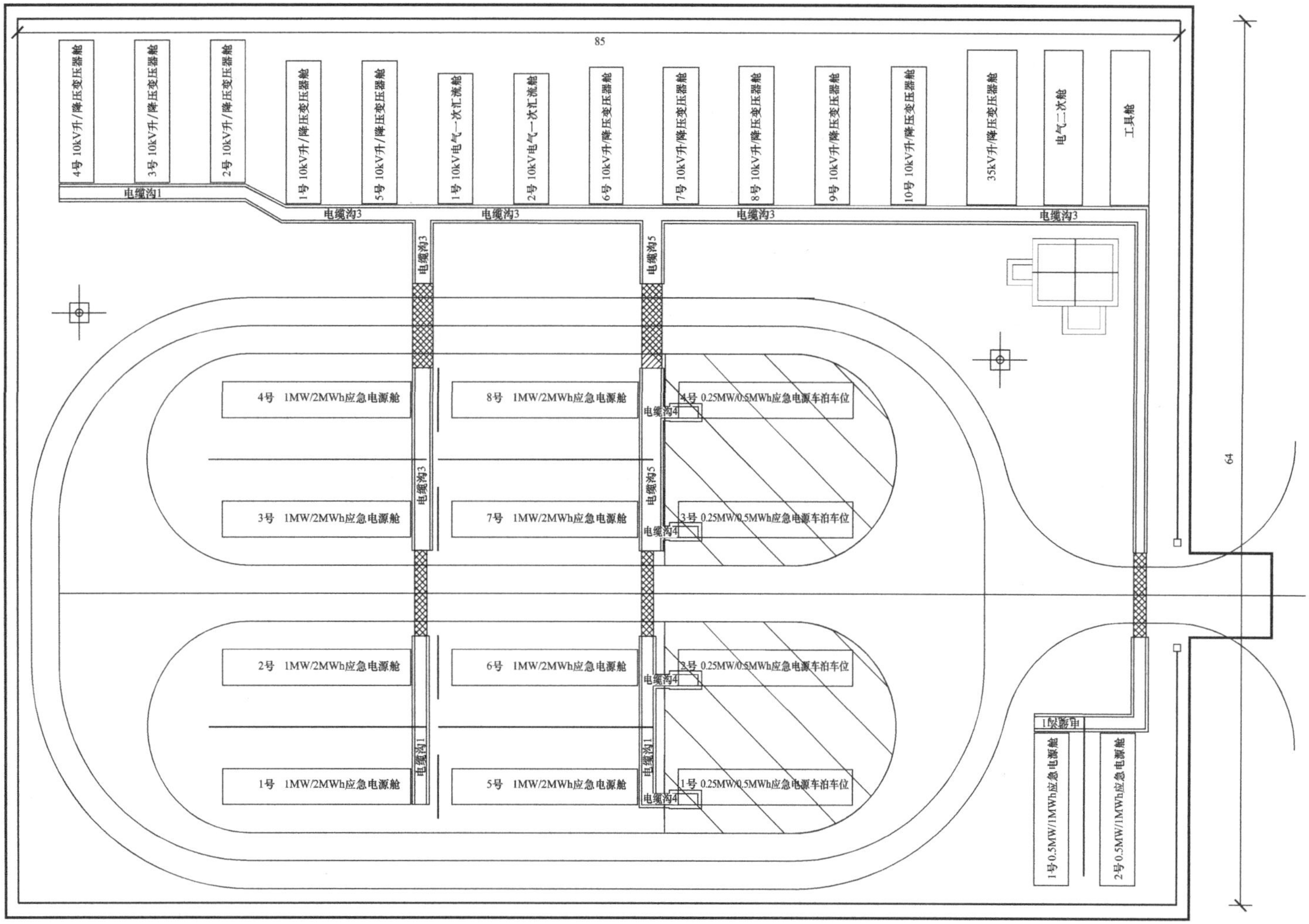

图 13-4 方案 10-B-35 总平面图

13.3　方案 20-B-35 设计

本方案适用于 20MW/40MWh 移动式磷酸铁锂电池电化学储能电站、35kV 系统接入的项目。

本方案主要技术条件见表 13-3，电气主接线如图 13-5 所示（见文后插页），总平面布置如图 13-6 所示（见文后插页）。

表 13-3　　　　　　　　　　　　　　　　　　　　方案 20-B-35 主要技术条件

序号	项目		技 术 条 件
1	设计容量		20MW/40MWh
2	储能单元		储能单元有 3 种形式，容量均为 1MW/2MWh。形式分别为： 1）Ⅰ型储能单元：由 1 台 10kV 升/降压变压器舱、4 辆 0.25MW/0.5MWh 移动储能车组成。每个变压器舱含 2 台 10kV 630kVA 升/降压变压器，每辆 0.25MW/0.5MWh 应急电源车含 1 台 250kW 隔离变压器、1 台 250kW 储能变流器（PCS）、1 套电池管理系统（BMS）、1 套 0.25MW/0.5MWh 磷酸铁锂电池组成； 2）Ⅱ型储能单元：由 1 台 10kV 升/降压变压器舱和 2 个 0.5MW/1MWh 应急电源舱组成。每个变压器舱含 2 台 10kV 630kVA 升/降压变压器，每个 0.5MW/1MWh 应急电源舱含 1 台 500kW 隔离变、1 台 500kW 储能变流器（PCS）、1 套电池管理系统（BMS）、1 套 0.5MW/1MWh 磷酸铁锂储能电池组成； 3）Ⅲ型储能单元：由 1 台 10kV 升/降压变压器舱和 1 个 1MW/2MWh 应急电源舱组成。每个变压器舱含 2 台 630kVA 升/降压变压器，每个 1MW/2MWh 应急电源舱含 2 台 500kW 隔离变压器、2 台 500kW 储能变流器（PCS）、2 套电池管理系统（BMS）、1 套 1MW/2MWh 磷酸铁锂储能电池组成
3	储能升压单元	PCS 型式	500kW，36 台；250kW，8 台
		升压变型式	SCB13-630kVA/10kV/0.4kV，干式变压器，40 台；SCB13-25000kVA/35kV/10kV，干式变压器，1 台
4	汇流母线	35、10kV 电气主接线， 远期/本期	均为单母线/单母线
5	站用变压器		变压器选用 10.5±2×2.5%/0.4kV，联结组别为 D，yn11，U_d=4%，站用变压器就地布置于 10kV 电气一次汇流舱中，10kV 侧引接至 10kV 电气一次汇流舱站用变压器开关柜
6	布置形式	一次设备布置	综合考虑安全、施工、运行及维护建用地等因素，结合电池组布置的方案，采用户外集装箱布置应急电源系统。本工程共有 2 个Ⅰ型（车载）储能单元、3 个Ⅱ型储能单元、15 个Ⅲ型储能单元，以及 3 个 10kV 电气一次汇流舱、1 个 35kV 变压器舱。1MW/2MWh 应急电源舱采用 45 英尺集装箱，尺寸为 13.72m（L）×2.55m（W）×2.9m（H）；0.5MW/1MWh 应急电源舱采用 30 英尺集装箱，尺寸为 9.144m（L）×2.55m（W）×2.9m（H）；0.25MW/0.5MW 应急电源车尺寸为 10.45m（L）×2.55m（W）×3.98m（H）

续表

序号	项目		技　术　条　件
6	布置形式	二次设备布置	信息申报与发布系统工作站、远动屏、安全自动装置、一体化电源系统均布置在电气二次舱内。线路保护、站用变保护布置于相应的开关柜，10kV 母线保护柜就地布置于电气一次汇流舱中
		总平面布置	总平面布置采用集装箱功能单元方案，模块化设计，布置 20 个储能单元、30 个 10kV 电气一次汇流舱、1 个 35kV 变压器舱和 1 个电气二次舱组成。相邻应急电源舱之间设置一道防火墙，防火墙采用 180mm 厚钢筋混凝土墙
7	土建部分		根据电气设计方案、功能使用说明对储能电站的土建具体要求，站区土建内容包括：①平整电站区块场地；②新建设备基础、防火墙、道路、电缆沟；③消防给水系统，雨水排水系统；④消防沙箱一座；⑤围墙、大门、移动储能车停车场地；⑥独立避雷针。 全站总面积 7200m²